SHOESHINE START BOOK

楽しく磨けて靴も輝く

靴磨きスタートブック

STUDIO TAC CREATIVE

CONTENTS
目 次

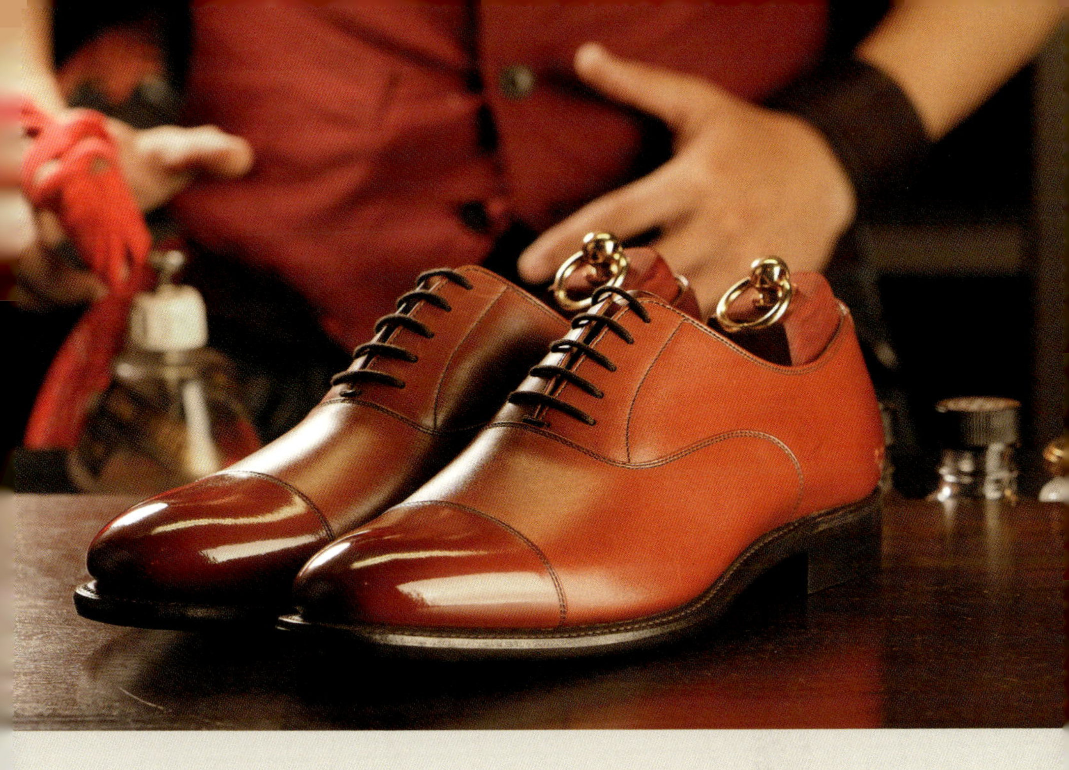

革靴入門者必読！

革靴の基礎

靴磨きは革靴があってこそのもの。靴磨きを学ぶ前に、その対象となる革靴に関する知識、姿勢について、身に付けていきましょう。

高級靴1足より本格紳士靴を3足揃えよう！

靴も含まれる日常品に対するアプローチの1つとして、一点豪華主義があります。革靴に興味が湧き、知識を得ていくと、ちょっと無理して有名ブランドの高級靴を1足買ってみたくなるという人も多いでしょう。でも靴磨き=靴を長持ちさせることを考えると、これは避けるべきものです。1足しか靴が無いとなれば、当然履く頻度が高くなり、頻度が高いとなれば革底の消耗スピードも早くなり、せっかくの高級靴がすぐにダメになってしまいます。

そこでお勧めしたいのが、1週間のローテーションを考え、長く愛用できる本格紳士靴を3足用意することです。靴磨きという愛情を込めるに足り、10年長持ちさせられる靴となれば、3万円程度は必要になります。新社会人にとっては少々ハードルが高いかもしれませんが、多少無理しても最初に3足同時に購入することで、それぞれを長く楽しむことができるのです。そして予算に余裕が出てきたのなら、より高価格帯の靴を追加していくのも良いでしょう。一点豪華主義で履きつぶしてしまうのはもったいないことです。

月曜	火曜	水曜	木曜	金曜	土日
A	B	C	A	B	休

革靴は1日履いたら2日は休ませたいもの。一般的な土日休みの週休2日で働くとした場合、図のように3足無いと2日間靴を休ませることができません

雨の日用にもう1足用意しよう!

革靴、特に本誌でお勧めするような本革の靴は、雨の日に使うことは推奨できません。濡れたらそれでおしまいという程、雨に弱いということはありませんが、大きなダメージを受けてしまうので、しっかりとしたアフターケアが必要になってしまいます。そのケアで元の状態に戻すことはできますが、濡らさないで済むのならそれに越したことはありません。

そこで推奨したいのが、先ほどの3足に加えて雨の日用の靴をもう1足用意しておくことです。これは必ずしも先の3足と同時購入する必要はなく、使い込んだ靴を雨の日用に回すのも手です。

予算に余裕があるのなら、雨に強い素材で作られた製品を選ぶのも良いでしょう。これなら使い込んでくたびれた感じもなく、もともと雨に強いので安心して使えます。こういったものはソールもラバー素材で濡れた路面に対応しているので、革製のレザーソールに比べ、しっかりグリップしてくれるため、安全に歩くことができるメリットも有ります。

こちらはスコッチグレインの雨の日用モデル、シャインオアレイン。甲革には雨に強い撥水レザーを採用する一方、濡れた路面でも滑りにくい独自のゴム製ソールを使用。お手入れの面でも、歩行の安全の意味でも、雨の日用の靴は最低1足、梅雨時期を考えると2足は用意したいものです

THREE LAW OF CHOOSING MEN'S SHOES

本格紳士靴選びの絶対法則3ヵ条

長年使えて靴磨きに応えてくれる靴となれば何でも良い訳ではありません。
ここでは我久さんが推奨する本格紳士靴を選ぶ時の3条件を解説します。

第一条 本革製であること

革靴と言った時、どのようなものをイメージするでしょう? デザインはともかく、表面がつるつるして光沢があり、硬くて張りのある素材で作られているものを想像するはずです。

材料は革だからこそ革靴と呼ばれるのですが、革靴とされるものが全て革を使って作られている訳ではありません。

革は、動物(主に牛)の皮を加工して作られる天然の素材で、様々なメリットがある一方、水に弱かったりお手入れが必要と言ったデメリットも有ります。加工に手間がかかるため値段が高いという点も挙げられます。そこで靴や鞄などでは、革の外観等を真似て作られた合成皮革(合皮)が使われていることも多々あります。

合皮は雨に強くお手入れも簡単ですが、本物の革ほど丈夫ではなく、適切なお手入れをした革に比べると寿命は劣ります。また本物の革であっても、鞣し(なめし)と呼ばれる工程と染色のみを行なったものと、耐久性等を高めるために更なる加工を加えたものがあります。

靴磨きによるお手入れにより長持ちさせようとしたなら、追加の加工をしていない牛の本革がお勧めです。牛以外の革を使った製品もありますが、多くは扱いが繊細なので、初心者にはお勧めできません。

この写真は靴に加工される前の牛の本革です。鞣しの作業において本来の皮の表面層は取り除かれていますが、天然素材らしい凹凸が残っており、磨き続けることで、革が育っていきます

こちらは耐久性や耐水性を向上するための加工がされたガラスレザーです。表面に樹脂加工がされているため、雨や汚れに強い半面、クリームが浸透しづらく、靴磨きが楽しみにくい性質があります

第二条 グッドイヤーウェルテッド製法であること

革靴に限らず、靴は使えば使うほど底が磨り減ってしまいます。全体としてはきれいなのに、底が磨り減り、穴が空いてしまったので泣く泣く捨てることになった経験がある人も少なくないでしょう。

しかし革靴の場合、長年同じ靴を愛用していくことも可能で、それを可能にしているのが底の修理です。底の修理（交換）は革靴なら何でもできる訳ではなく、製法により左右されます。だからこそ、靴選びの際には製法に注目する必要があるのです。

革靴の製法にはいくつかありますが、ここでお勧めしているグッドイヤーウェルテッド製法は、もちろん底の交換が可能であり、またある程度の品質を持った靴での採用率が高いので、良い靴を選ぶ基準にもできます。

①グッドイヤーウェルテッド製法

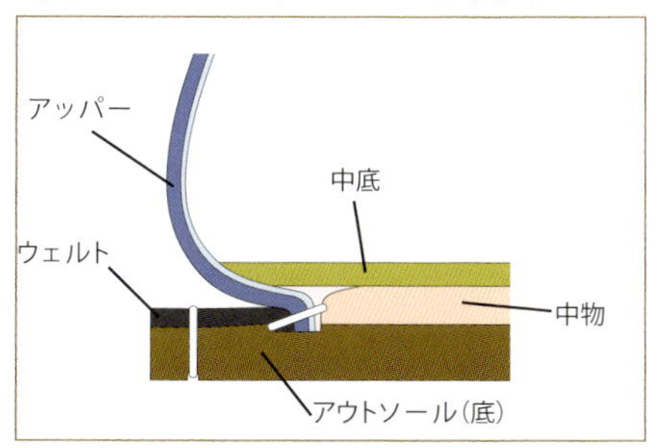

靴の上部（アッパー）にウェルトを縫い付け、そのウェルトに底を縫い付ける構造で、何回も底を交換できます。中底と中物が足型をコピーし履きやすくなるのも特徴です

②マッケイ製法

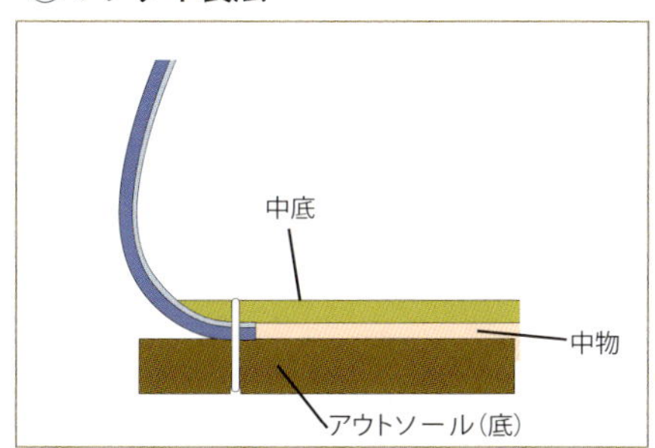

中底、アッパー、底を靴の内側で一度に縫い合わせる製法です。軽くて柔軟性がありウェルテッド製法より細身のシルエットが作りやすいですが底の交換には向きません

③セメンテッド製法

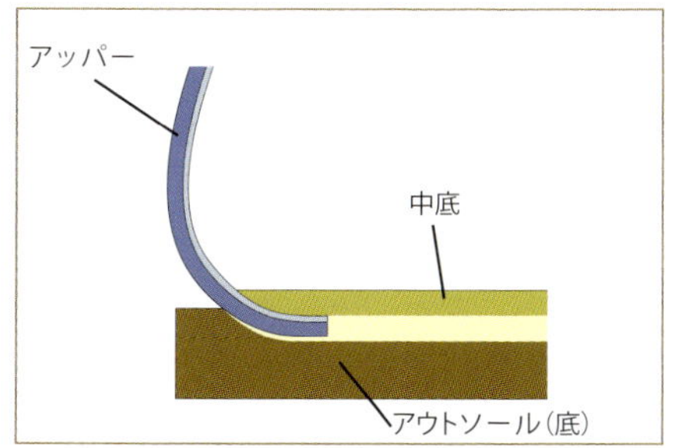

安価な靴に使われているのが、底をセメント＝接着剤でアッパーに貼り付けるセメンテッド製法です。底を剥がすとアッパーも傷むので、底の交換ができません

④ハンドソーンウェルテッド製法

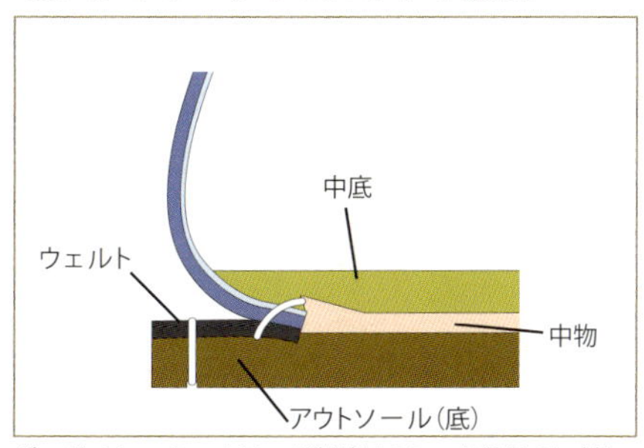

グッドイヤーウェルテッド製法はミシンを使うのに対し、手縫いして仕上げる製法で、構造も僅かに違います。底の張替えが可能で、高級靴に使われる製法です

第三条 正しいサイズであること

素材や製法がいくら適切・高級であったとしても、靴はあくまで実用品ですから、使い勝手が悪かったら意味がありません。

ここでいう使い勝手とは、足に靴がピッタリフィットし、指などが当たってしまったり、靴の中で足が遊んでしまうといったことが無く、使っていて不快感がないことを意味します。

これを一言で言えば、正しいサイズである、となりますが、では靴における正しいサイズを理解しているでしょうか? 足の全長に靴のサイズを合わせるのは、誰もが実行しているでしょうが、靴のサイズはそれだけでは判断できません。足のサイズは前後方向の長さ=足長だけでなく、足の幅=足幅と、足のウエストサイズといえる足囲をチェックする必要があります。足長が同じだったとしても、足幅・足囲が違うと、靴に足が入らない、靴の中で足が遊んでしまうことになります。

この足幅のサイズを表すのが、足長のサイズ表記の後に付けられるアルファベットで、下の表はJIS規格で定められた各寸法の規定値になります。

昔から日本人の足は甲高幅広だと言われ、そのようなサイズ設定の靴が多かったと言えますが、近年の日本人は幅が狭く甲が低い欧米的な足を持つ人も増えています。足長のサイズに対して、幅の品揃えは必ずしも豊富ではありませんが、妥協せずにジャストフィットする靴を選ぶようにしましょう。

またメーカーによりサイズの表記や靴全体のシェイプも違うので、ショップの店員とよく相談して買うことも大切な注意点です。

	D		E		EE (2E)		EEE (3E)		EEEE (4E)	
足長	足囲	足幅	足囲	足幅	足囲	足幅	足囲	足幅	足囲	足幅
23.5	228	94	234	96	240	98	246	100	252	102
24	231	95	237	97	243	99	249	101	255	103
24.5	234	96	240	98	246	100	252	103	258	105
25	237	98	243	100	249	102	255	104	261	106
25.5	240	99	246	101	252	103	258	105	264	107
26	243	100	249	102	255	104	261	106	267	108
26.5	246	101	252	103	258	105	264	107	270	109
27	249	103	255	105	261	107	267	109	273	111
27.5	252	104	258	106	264	108	270	110	276	112
28	255	105	261	107	267	109	273	111	279	113

JIS規格で定められた、それぞれの足長と幅に対応した寸法表です。幅の違いが僅かであっても、足囲が大きく違ってくるので、疎かにしてはいけません

足長や足幅と言っても、どこを測るかで数値は変わります。足長は右の図①で示される指先先端からかかとまで、足幅は指の付け根の最も幅の広い場所が対象。幅を含め改めて測ってみることをお勧めします。

近年、幅の狭い足を持つ人が増え、一方で市販されている靴の多くが幅広なため、幅を優先した結果、足長の短い靴を指を曲げて履く事例も聞かれます。合う靴が見つからない時はパターンオーダーも選択肢の1つ。GAKUPLUSでは3ヵ条に合致し、サイズ22〜30cm(5mm刻み)、幅はB〜5Eの8サイズがあり、左右サイズ違いや部分的な当たり調整も可能なオーダーシューズを展開しています。

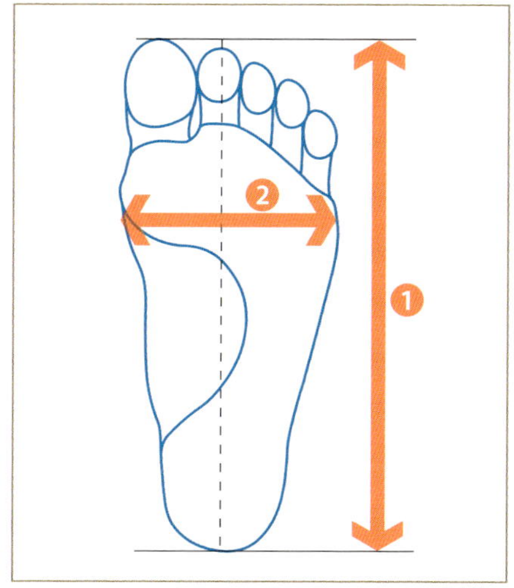

正しいサイズを求めるには、足のサイズを知ることが第一歩。①は足長、②は足幅を示しています。足長は人差し指中心を通る位置での全長、幅は最も広い部分で測ります

正しい革靴の履き方

1.シューレースを緩めた状態で、シューホーン(靴べら)を使って足を入れ、かかとがカウンター(P25参照)に密着するよう後ろ側に押し付けます　**2.**足先の方からシューレースを引き締め、甲の部分をしっかりホールドさせます　**3.**痛くならない程度にシューレースを引き締め、完全にフィットさせてから結びます

はじめての本格紳士靴 我久さんお勧めの革靴

靴選びの3ヵ条を解説しましたが、数えることすら難しいほど、市場には多くの革靴が存在しているなか、何を選べばいいのか迷ってしまうことでしょう。

そこで、数々の靴を見てきたGAKUPLUSの佐藤我久さんに、お勧めの靴をピックアップしてもらいました。いずれも長年の使用に耐えられる構造になっており、また新入社員の最初のボーナス+α程度で3足揃えられる価格帯となっています。

また右のページでは、雨の日用の靴も紹介しています。しっかりとした革靴らしいフォルムを保ちつつ、雨天の使用に耐えうる構造となっています。最初は使い古しを雨用にするのも手ですが、予算が確保できたらぜひ揃えておきたいものです。

我久さんも愛用!

スコッチグレイン オデッサ 916

紳士靴本来の美しさを追求したストレートチップデザインで、低く抑えたトゥ、細長いノーズ、シャープなヒールカップとムダのないスッキリとしたデザイン　¥39,000

神匠 RE-07

Kamioka株式会社の手によるスタンダードなアイテムでどんな場面にもマッチ。アジア人の足型を徹底的に研究しているため、履き心地が快適　¥35,000

リーガル 04RRBG

ボリューム感のあるラウンドラストとコバ周りをもち、履きこむことで足裏形状を記憶するグッドイヤーウェルト製法ならではの履き心地がポイント　¥28,000

雨の日（全天候）にお勧めの靴

リーガル 04NRBH

しっとりとした牛革を使ったオーセンティックなモデル。ソフトな甲革で足へのストレスが少ない。ソールは耐滑性と屈曲性に優れたハイブリッドラバーを採用　¥28,000

スコッチグレイン シャインオアレイン4Eウィズ 4224

高い撥水性をもつ本格撥水レザーを採用。グリッパーテクノソールにより軽量ながら屈曲性に優れ、滑りを抑制している。甲高幅広の人にお勧め　¥28,000

スコッチグレイン シャインオアレインⅣ 2770

本革が持つ風合いを保った本格撥水レザー採用。独自の合成素材SGソールは耐摩耗性・グリップ性に優れ歩きやすい。近年の日本人の足型に合わせており、甲低幅細の人にお勧め　¥28,000

北海道出身我久さんお勧め　雪の日でも安心な革靴

雨の日でも躊躇するのに、雪の日に革靴なんてもってのほか。それが一般的なイメージでしょう。しかし広い日本において、長期間雪と付き合わなければいけない地域は決して少なくありません。そういった地域における冬期に、革靴を楽しめないのはしかたがないことなのでしょうか?

実はそうではありません。雪という水分から己を守れる構造を持ち、凍結した路面を物ともしないソールを持つ、雪に対応した革靴が存在しています。

さすがに晴れの日用とは多少スタイルが変わってきますが、それでも革靴らしさは充分。足元の防水を考えると、ブーツスタイルも良いでしょう。スタイルやカラーが選べるほどラインナップはあるので、ぜひ探してみましょう。

リーガル 29RR CBW

北海道を中心とした降雪エリアスタッフが中心となり開発した雪道対応ソール、コロバンショを採用したサイドゴアブーツ ¥32,000

スコッチグレイン ファイバーグリップ

甲革は撥水レザーで底材にはガラス繊維が入り、濡れている駅構内やアイスバーンなどに最適の防滑ソール採用　¥30,000

ビギナーでも安心!

革靴のお手入れ

靴の基本的な知識について解説しましたので、ここからは具体的なお手入れの手順や考え方について説明していきます。どのような道具が必要で、どういった力加減、量で実施していくべきか。分かりやすく解説していきます。

WHY DO SHOES NEED SHOECARE?

なぜお手入れが必要なのか?

そもそもなぜ、革靴にはお手入れが必要なのでしょうか? 材料たる革の構造からその理由を紐解くことで、必要なお手入れを学んでいきましょう。

革靴の完成された姿を見ていると、その状態が長く続くものだと思ってしまいます。もちろん汚れが付くこともありますが、布製の靴と違い、泥汚れによってすぐ変色するということもありません。

しかし革靴は、革という生物由来の材料を使っているため、植物や化学原料で作られた布などと違い、時間が経つと柔軟性が失われ、ヒビ割れや裂けを生みます。また接触することで、傷が付いたり退色することもあります。

そのため革靴では、汚れを落とすだけでなく、定期的に革に栄養と潤いを与える必要があり、また汚れを防止するお手入れが求められるのです。

革の基礎

革とは、動物の皮から不要な部分を取り除き、柔らかさと耐久性を保つ加工=鞣(なめ)しを施したものです。製品として見られる革の表面は、皮膚の表面=表皮では無く、より厚みがあって丈夫な乳頭層であり、銀面と呼ばれます。

皮の構造

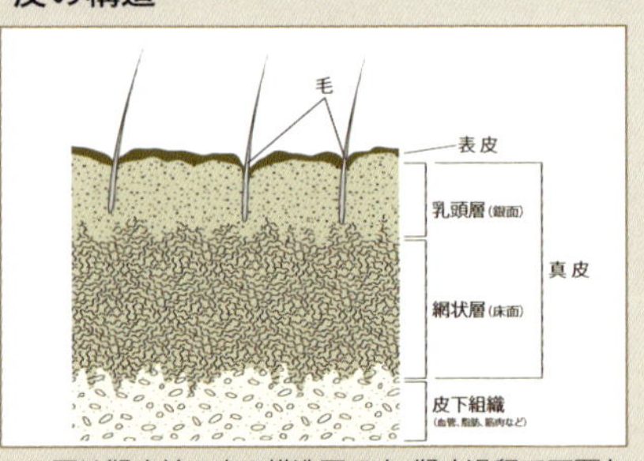

この図は鞣す前の皮の構造図です。鞣す過程で不要な表皮や毛、肉など真皮以外が取り除かれ、腐敗を防止し柔らかさを保つための加工が施されます

コードバンとは?

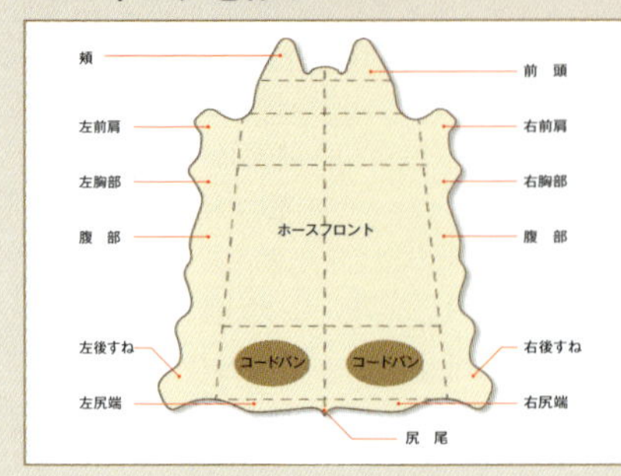

革靴で一般的な牛革のスムーズレザーは、銀面部分を表面に使います。高級靴で人気のコードバンは馬の革を使ったものですが、お尻部分の特別な網状層のみを使い、表面が滑らかになるように加工したもので特性が大きく違います

お手入れの仕組み

革靴のお手入れには、汚れ落としといったいくつかの工程があります。それをただ漫然と実施したのでは、本来の効果を充分得られない可能性があります。この作業をなぜするのか。それが理解できていれば、その時々の状態の良し悪しが判断できるようになるはずです。ここでは各工程における靴の状態と、なぜそのお手入れをするのかを解説します。

使用後の状態

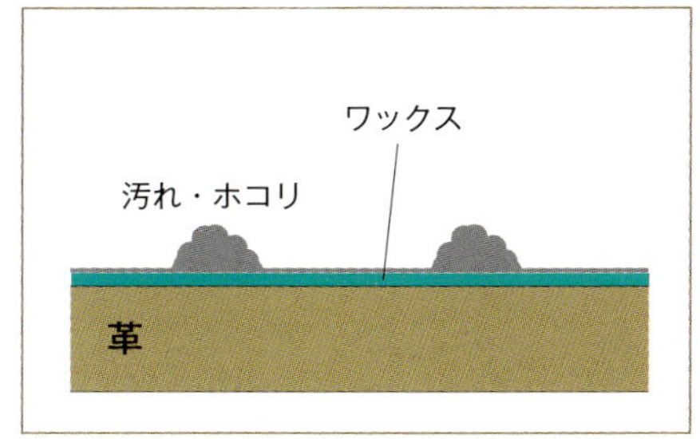

お手入れがされた靴を使っていくと、革の上に塗られたワックスの上に汚れやホコリが溜まる一方、革の内部から油分や水分が抜けていってしまいます

①汚れを落とす(クレンジング)

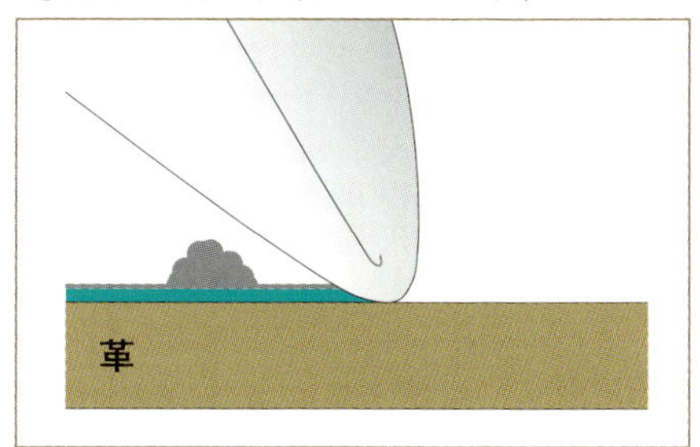

汚れ落としの工程では、汚れやホコリだけでなく、革に油分や水分を補う際に妨げになるワックスや古いクリームも取り除きます。革を傷めるのでやり過ぎには注意します

②靴クリームを塗る(保湿)

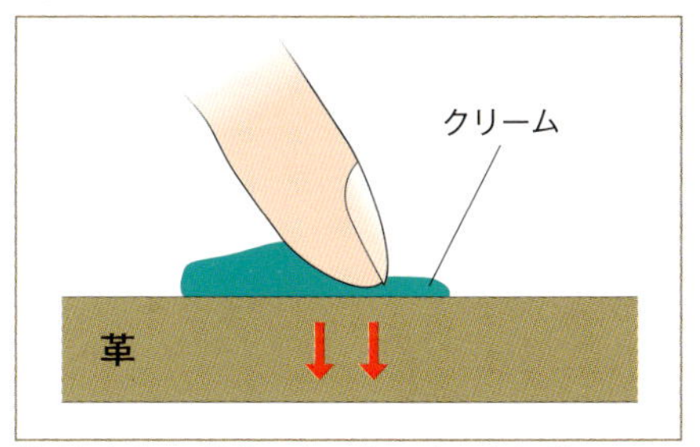

革がむき出しの状態=すっぴんになったら、靴クリームを塗り、革に必要な油分や水分を補います。この時同時に、色を補うこと=補色も行なうことになります

③ワックスを塗る(保護)

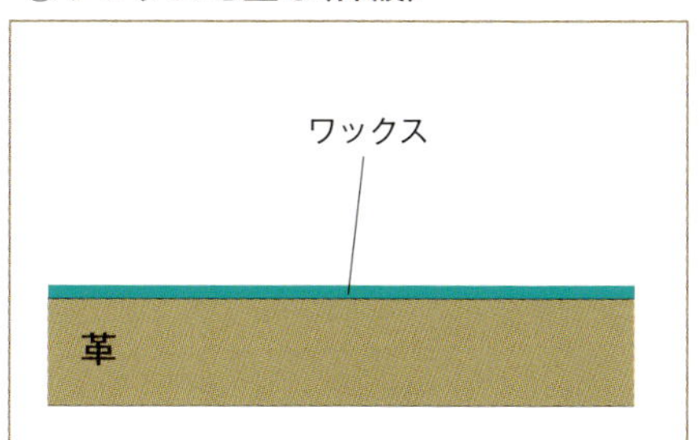

革に潤いを取り戻したら、汚れの付着を防止し、水分を弾くためのワックスを塗り、革を保護します。こうすることで、靴の良い状態を長く保つことができます

ワックスは諸刃の剣

汚れを防ぎ、水も守ってくれる。そんなワックスを付けていればいつまでも安心と思うでしょうが、それは間違い。ワックスを付けていても革の内部からの油分や水分は抜けてしまい、それを補おうとしても、今度はワックスが邪魔をして革まで届きません。そのため汚れていなくてもお手入れが必要なのです。

佐藤我久流 3 STEP OF SHOECARE

靴磨きの3ステップ

靴磨きは人間のお肌と考え方は一緒です。洗顔をして保湿を行なった上でメイクを施すイメージで実行すれば、仕上がりが良くなります。

1. 汚れを落とす

ファーストステップは汚れを落とすことになります。馬毛ブラシでのブラッシングによりホコリを落とす、クリーナーを使って汚れを落とすだけでなく、以後の保革のためのケアを阻害するワックスや古い靴クリームを落とすのも、このステップの重要な役割になります。

2. 靴クリームを塗る

汚れを落とし、靴をすっぴんに戻したら、靴クリームを塗ります。靴クリームは革に失われた水分や油分を補うことが主目的。革の乾燥が著しい場合は、保湿クリームも併用します。染料や顔料の入った靴クリームを使うことで、補色をすることもできます。

3. ワックスを塗る

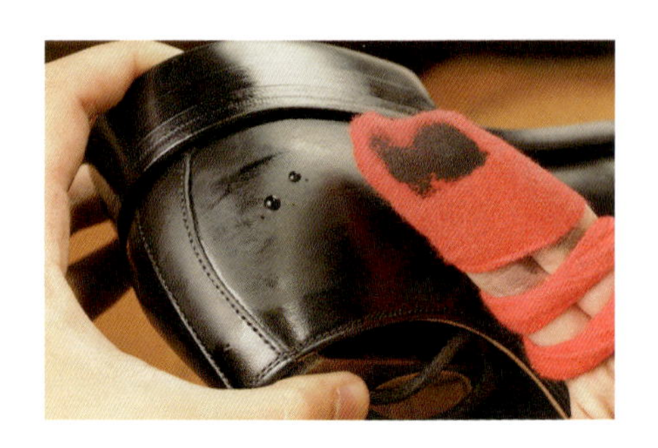

革に潤いを取り戻したら、汚れや水分から保護し、艶を増すワックスを塗ります。また好みに合わせて、つま先やかかとを光り輝かせる、鏡面磨きを行なうこともできます。少し難しいですがメイクするように見た目の印象がぐっと良くなるのでチャレンジしてみましょう。

SHOECARE GOODS

持っていたいシューケアグッズ

我久さんがお勧めする道具を紹介します。リーズナブルな初心者用と高価ですが高性能な中上級者用を紹介しているので好みで選びましょう。

シューツリー

ケアをするしない以前の問題として、革靴を購入したら1足ごとに用意したいのがシューツリーです。靴は履くことで足に合わせて屈曲し、その曲がった部分に履きシワができます。履いたまま何もしないと、そのシワが固定化し、靴の形が崩れてきます。そこでシューツリーを装着し保管することで靴の形が保たれます。またケアをする時も装着しておくのが前提となります。シューツリーにも様々ありますが、未塗装の木製の物なら、内部の湿気を吸い取る効果も期待できます。

初心者

アロマティックシーダー
シュートゥリー

吸湿性に優れ、独特の芳香が靴ないの臭いを中和してくれるコロニル製のシューツリー

中上級者

GAKUPLUS
オリジナルシューツリー

防虫効果、吸湿効果を持つアロマティックシダーを使用

馬毛ブラシ

靴のお手入れの第一歩は、履くことで表面に付いてしまうホコリを取り除くことです。そのホコリの除去に使用するのが馬毛のブラシです。馬毛は柔らかいので、ブラッシングしても表面を傷つけることがなく、ホコリだけを取り除くことができます。靴のお手入れには様々なブラシを使うことになりますが、まず最初に用意したいのが馬毛ブラシで、使用頻度も最も高くなります。持った時に手にフィットするかも確かめて選びましょう。

初心者

ジャーマンブラシ2

ドイツ製馬毛を使ったブラシで、持ち手部のサイズは約148×48mm

中上級者

コロンブスブラシ馬毛

ホコリ落としに適した名古屋製の馬毛ブラシ。サイズは約170mm×50mm

豚毛ブラシ

馬毛に比べてより固い豚の毛を使ったブラシで、靴クリームを塗る時に使います。靴表面にクリームを塗った後、このブラシで擦り込みつつ、余分なクリームを取り除くのです。このため、豚毛ブラシは常に靴クリームとセットとなり、靴クリームの色ごとに1つ揃えるのが基本です。使い込むごとにクリームが付き、育っていくことが実感できるブラシでもあります。

ジャーマンブラシ5 初心者

ドイツ製の豚毛を使った靴用ブラシ。本体サイズは約135mm×40mmとなる。コロンブス製

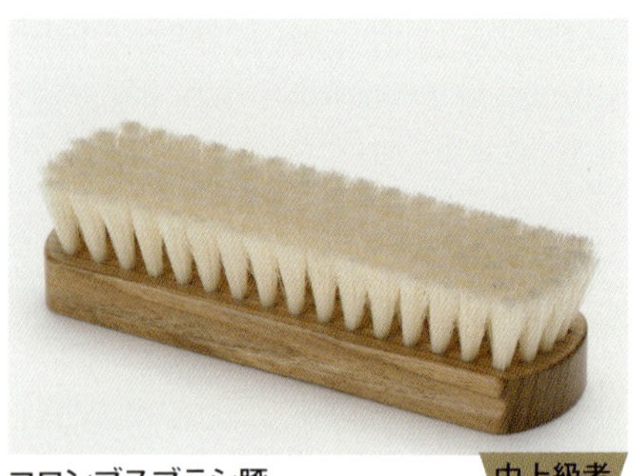

コロンブスブラシ豚 中上級者

艶出しに適した名古屋製豚毛を使ったブラシ。本体サイズは約170mm×50mm

GAKUPLUSオリジナル
豚毛ブラシ プロ愛用

プロ目線で厳選したコシの強い豚毛、握りやすいハンドルで、クリームをなじませるのに最適。現在新モデル開発中

山羊毛ブラシ

非常に柔らかい山羊の毛を使ったブラシで、ワックスを使い、鏡面磨きをする時に使用します。他のブラシに比べ高価ですが、替えが効かないだけに、鏡面磨きをするなら必須です。鏡面磨きで仕上げた靴を簡易的に磨き直すときにも使用します。新品状態で使うと毛先でワックスを取ってしまい曇りがちになるので、目立たない部分で何度かブラッシングをしワックスを付けてから鏡面磨きに使いましょう。

ジャーマンブラシ9 プロ愛用

コロンブスのブラシで、ハイシャイン時にお勧めの非常に柔らかい山羊毛を使ったブラシ

起毛革用ブラシ

スエードやヌバックといった起毛革の靴は、スムースレザーの靴とは全く違ったお手入れが必要です。起毛革用のブラシは金属の毛を持ち、それでブラッシングすることで寝てしまった毛を起こしつつ、汚れをかき出す役割があります。デリケートな起毛革の場合、目が細かく毛がより柔らかいブラシを選びます。

初心者
ジャーマンブラシ10

コシの強い真鍮製のワイヤーを使った起毛革用ブラシ。コロンブス製

プロ愛用
コロンブス スエードブラシ

0.08mmステンレス毛を使った靴磨きのプロが考えた品

その他ブラシ

レザーソールの靴の場合、ソールにもクリームを塗るといったお手入れが必要です。その際、靴の上部と同じブラシを使うのは、使い勝手や汚れの面では避けたいので、専用品を用意しましょう。ハリス476は両面使えるので、例えば一方はウェルト上側用、一方は底用といった使い分けができます。

初心者
ジャーマンブラシ8

ドイツ製豚毛を使ったブラシ。アッパーやソールにクリームを塗る特に便利。コロンブス製

プロ愛用
ハリス476

色違いの豚毛を使った両面ブラシ。それぞれの面を用途別に使い分けるのもお勧め。コロンブス製

クリーナー

ホコリを落とした後、汚れや古いワックス、靴クリームを落とすのに使うのがクリーナーです。一口に汚れと言っても、水性汚れと油性汚れがあり、それぞれに対応したクリーナーが必要です。しかしその汚れがどちらなのかは、プロでも判別困難。そこでお勧めしたいのがどちらにも対応するコロンブス製のこちらのクリーナー。汚れを選ばず使用できます。

初心者
ツーフェイスローション

乳化剤を削減し、水性汚れと油性汚れを落とせるローション。コロンブス製

プロ愛用
ツーフェイスプラスローション

油性、水性いずれの汚れも落としつつ革にしっとり感を与えるブートブラックのローション

汚れ落とし用布

クリーナーと共に使う汚れ落とし用の布も必要な品の1つ。この布にクリーナーを付け、靴表面を撫でつつ汚れを落としていくことになります。長く使うものではありませんが、数回程度であれば洗濯して再使用可能です。靴を傷つけない柔らかさがあればOKなので、手ぬぐいや洗いざらしのシーツ、使い古しのシャツなどでも代用できます。

汚れ落とし布　プロ愛用

GAKUPLUSでも使用している8枚セットのシーチング生地。生地工場のアウトレット品を使った環境に優しい品

靴クリーム

失われた油分や水分を革に補なうのが靴クリームです。無色のものもありますが、色を補うために、染料や顔料が入った製品が一般的です。靴クリームには乳化性と油性の2種類があり、色数と扱いやすさは前者、艶は後者が優れます。我久さんは保湿効果が高く、靴で色も楽しめるアーティストパレット(特定の専門店のみの取り扱いでGAKUPLUSで入手可)を主に使用しています。

アーティストパレット　プロ愛用

保湿効果が高く深い艶も得られる油性靴クリーム。顔料ベースで好きな色を革にのせて遊べる革新的クリーム

シュークリーム　初心者

扱いやすさに優れたブートブラックシルバーラインの品で、伸びやすく磨きムラを起こしにくい

シュークリーム　定 番

ブートブラックシリーズの靴クリームで、高い栄養補給と補色効果が得られる中上級者定番の乳化性クリーム

磨き用布

ワックスを磨き込んで深い艶を出したり、ハイシャインに仕上げるとなれば、専用の布が必要です。コットン製のネル生地がその代表で、仕上げに使うものであるだけに、汚れ落とし用とは違い、汚れたら使い捨てという認識でいましょう。

初心者

磨きクロス

コロンブス製の磨きこむのに最適な柔らかな綿クロス。2枚セット

プロ愛用

オリジナルコットン

ワックスを塗り重ねる際に必要なメイドイン名古屋のハイシャイン用コットン布。GAKUPULS佐藤氏オリジナルの名古屋巻きに適し無駄の出ない約6cm×50cmサイズ

ワックス

革の表面を汚れや水から守りつつ、艶を生み出してくれるのがワックスで、ハイシャインにする時にも必要です。一般に固いものほど光りやすいですが、覆った層が割れやすくなります。選ぶ際のポイントは固さやブランドよりも伸びやすさ。伸びやすいことで、ワックスを掛けるのが楽になるからです。

定 番　　中上級者

シューポリッシュ/パレードグロスプレステージ

KIWI製油性ワックス。初心者にはシューポリッシュ、輝きを求める中上級者にはパレードグロスプレステージがお勧め

保湿クリーム

通常レベルの乾燥であれば、靴クリームで充分対処可能ですが、買った直後の新品靴や、雨に振られた後では、革は著しく乾燥します。そんな時に使いたいのが保湿クリームです。失われた水分や油分（栄養）を補うことに特化しているので、使用することで革に潤いが戻り、柔軟性が戻ってきます。紹介している両製品とも鞄等の革製品にも使用可能です。

定 番

デリケートクリーム

保湿と栄養に特化したM.モゥブレィの栄養クリーム。水分量が多く伸びやすいため初心者でにも扱いやすい

プロ愛用

リッチモイスチャー

天然アルガンオイル配合で革に栄養と柔軟性を与える、ブートブラックのクリーム。圧倒的な保湿・浸透力を誇る

レザーソール用クリーム

革で作られているレザーソールにもお手入れが必要です。いわゆる栄養を補い柔軟性を保つという目的の他、レザーソール用クリームには、防水の効果もあります。言うまでもなくソールは地面に接する部分で、水たまり等、水に接する機会がアッパーに比べ遥かに高いので、専用品を使ってケアしましょう。

初心者

ソールトニック

フッ素樹脂が革底に防水効果を付加。塗布用のスポンジ付きで扱い易い。コロニル製

プロ愛用

レザーソールコンディショナー

革底に潤いと柔軟性を与える、ブートブラックシリーズのアイテム

コバ用染料

底の側面をコバと呼びますが、履き続けていると傷付き、色が剥げてしまいます。そんなコバの補修時に使い、コバを塗り直す時に使うのがコバ用の染料です。靴クリームやワックスに比べると少ないですが、コバ用染料にも色違いがあるので、お手入れする靴の色に合わせて選びましょう。

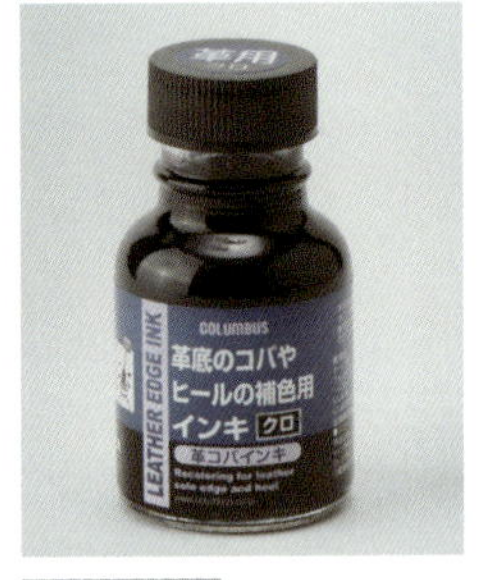

定番

革コバインキ

黒、茶、濃茶の３色が揃うリーズナブルなコバ補色用のインキ。コロンブス製

プロ愛用

エッヂカラー

ブートブラックブランドのアイテムで、補色と毛羽立ち防止効果が得られる。全4色

ハンドラップ

油性の靴クリームやワックスを、布で磨く時には少量の水を併用します。クリームやワックスの蓋に水を入れ、そこから取る方法もありますが、余裕があるなら用意したいのがハンドラップです。先端部分を押すことで、少量の水が供給される仕組みで、蓋に水を入れた時に比べ、より安定して水を取ることができます。

ハンドラップ

プロ愛用

ハイシャインの時に少しずつ水を取るのに最適なアイテム。GAKUPLUS取り扱い

防水スプレー

革靴の大敵である水を防ぐためのスプレー。スムースレザーの靴にも有効ですが、特にお勧めなのがスエードに代表される起毛革を使った靴です。起毛革は本来、雨に強いのが特徴とされますが、汚れには弱い面があります。防水スプレーは雨の他、汚れの付着を防ぐ効果も期待できます。

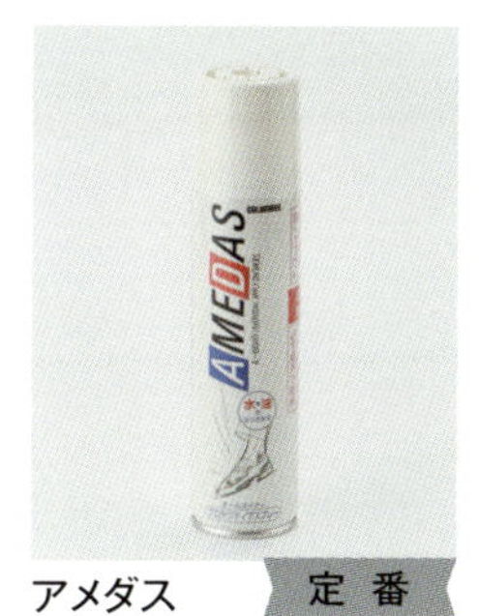

アメダス　定番

フッ素樹脂により、汚れを付きにくくし、シミを防ぐコロンブスの防水保護スプレー

PICO　プロ愛用

100%フッ素樹脂製で、防水・防汚の効果が得られます。GAKUPLUS取り扱い

カビ取り剤

できれば避けたいカビの発生ですが、生えてしまった時に便利なカビ取り剤があります。専用品を使うことで、カビを表面的に除去するだけでなく、根まで取り除くことができるので、再発を防止することができます。

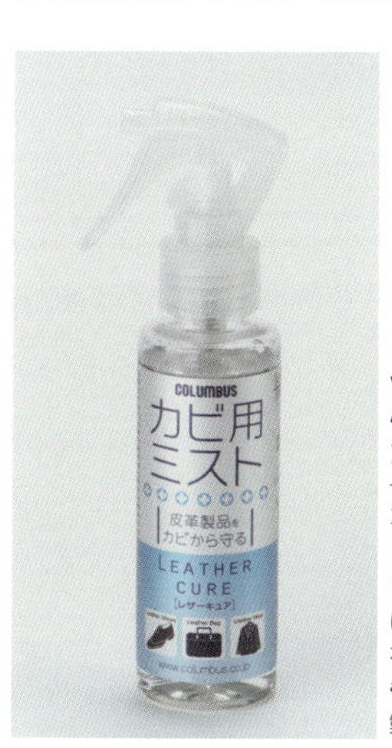

プロ愛用

カビ用ミスト

カビの構造膜を破壊し防カビ効果を発揮しつつ、抗菌剤が革に浸透しカビの育成を抑制。高い安全性も特徴。コロンブス製

起毛革用汚れ落とし

起毛革に付いてしまった汚れを落とすためのクリーナーです。その多くは生ゴム製で、文房具の消しゴムと同じように、靴の表面にこすりつけることで、汚れを落とします。これを使用した後で、起毛革用ブラシを使いましょう。

プロ愛用

クリーニングバー

ブートブラック・コレクションズのアイテムで、皮革に付いた汚れを落とす天然ゴム製のクリーナー

STYLE

靴磨き時の格好と設備

靴を磨こうとする時、どのような格好と準備が必要なのか？ 作業効率をも左右する重要な問題なので、きちんと整えてから作業を始めましょう

汚れてもいい服装で取り組もう

靴のお手入れでは、靴についた汚れや、靴クリームに含まれている染料や顔料が意外とあちこちに付いてしまうので、汚れても良い服装で作業することをお薦めします。捨ててもいいヨレヨレの服なんて無い？ そんな場合は普段着の上にエプロンでOK。ただ袖が汚れる可能性があるので、捲っておきつつバンド等で留めておくと良いでしょう。

格好が整えられたら今度は作業場所。靴のお手入れには道具と時間が必要なので、道具類を置く台と、できれば椅子があると良いでしょう。庭で気分よく作業、といきたくなるかもしれませんが、気温が高くなる場所ではクリームやワックスが柔らかくなり、作業に悪影響が出るので、換気の良い涼しい場所がお勧めです。

こちらは我久さんが路上靴磨き時代から愛用しているエプロン。汚れが歴史を物語っています。いつでも手をふけるように、腰には赤いバンダナをたらしています

我久さんの普段の靴磨きスタイルがこちら。カウンター上に道具類を並べることで、ショーとして魅せつつ、効率よく靴磨きを行なっています

靴クリーム等で汚れてしまった手は、一般的なハンドソープと爪ブラシできれいにできます。爪ブラシは100円ショップでも手に入るので用意しておきたいものです

EACH PART'S NAME

革靴の各部名称

革靴では部位により磨き方、扱い方が変わります。磨き方を理解するために、革靴各部の名称は、頭に入れておく必要があります。

ヴァンプ

甲革とも呼ばれ、トゥの後ろ、正面から見える部分を指します。ソールから上全体はアッパーと呼びます

レースステー

シューレース（靴紐）を通す穴、アイレットがあり、レースで締め上げる部分。その下にあって、レースが直接足に触れないようにしているパーツはタン（舌革）と呼ばれます

クォーター

かかとからぐるりと側面を覆う部分で、腰革とも。かかとを包み込む部分の内側はカウンターと呼ばれ、芯材で補強さています

トゥ

いわゆるつま先。写真のようにトゥのみ別部品になっている場合は、トゥキャップと呼ばれます。中には形を保つための芯が入っています

ソール

靴の底。革やゴムで作られています。ウェルテッド系の製法では、アッパー底部に付けられたウェルトに縫い付けて固定します

ヒール

かかとの下のブロック状に積み上げられた部分で、一番下の１枚をトップリフトと呼びます。ソールとヒールの側面の名称はコバです

TIMING OF SHOECARE

シューケアのタイミング

シューケアはどのタイミングでするべきなのでしょうか。様々なことが言われていますが、ここでは佐藤我久流の分かりやすい理論をご紹介します。

日数ではなく履いた時間で考えよう!

靴に興味がある人であれば、本書以外にも数々の靴磨きの解説本があることはご存知でしょう。それには本書と同じく、シューケアをするタイミングが書かれています。シューケアは購入直後、履いた後、雨に降られた時というピンポイントのタイミングのものと、履いた日数を基準としたしっかりとしたお手入れの2種類に分けられます。

基本的に靴が後者のしっかりとしたお手入れを必要とするのは、履いたことによる汚れやダメージが蓄積されることが原因です。日数で区切るのは、標準的な使い方でその日数使えばお手入れが必要になると考えるからです。しかし、ごく短時間しか履かなかった場合の1日と、終日歩きまわった1日とでは、同じ1日でも靴への負荷は大きく違います。

そこでお勧めしたいのが履いた時間による管理で、100時間履いた時に実施することを提唱しています。1日10時間履くのなら10回履くごと(週に2～3回履くのなら月1回)、通勤時のみ履いて社内では別の靴といった使い方なら20回履くごと(週2～3回使用で2ヵ月に1回)が目安。ただまったく履かないとしてもホコリが付いたり、油分が抜けて革が乾燥するので、冠婚葬祭用でたまにしか履かない靴であっても、半年に1度のお手入れは必要です。

シューケアをするタイミング

より具体的にお手入れの周期を説明します

①購入直後

新品の靴はもちろん汚れていはいませんが、長期保管により油分が抜け乾燥しています。乾燥は革のひび割れを招くので、履く前のケアが大切です。長持ちさせたいのなら、保湿クリームを併用しつつ、100時間ごとのお手入れと同じケアを実施しておきましょう。

②履いた直後

定期的にしっかりとしたお手入れをするとしても、履いた後には、次の出番に向けたケアが必要です。これには大きく分けて2つのステップがあり、脱いだ直後と翌朝に行ないます。短時間で済みますが、毎回実施することで靴への愛情が高まり、寿命が大きく違ってきます。

③ 100時間履いた後

靴は履くことで足にかいた汗を吸収し、それを休ませている日に乾燥させるのを繰り返すことになります。表面に汚れが付くのはもちろんのこと、この乾燥を繰り返すことで革の油分が失われ潤いが無くなってしまいます。

そこで100時間履いたら、汚れを落とすだけでなく、潤いを保つためのケアをしつつ、化粧をし直すフルメンテナンスが必要になってくるのです。

このお手入れは、乾燥した革に油分を追加し、潤いを取り戻す意味合いもあるので、内容としては前述したように乾燥した新品の靴にも実施したい項目になり、またたまにしか履かない冠婚葬祭用の靴でも半年に一度はしておきたい内容です。

日々の活躍への感謝として、あるいは新しい靴に対する挨拶として、はたまた人生の節目に向けてケアをする。正しく手順を覚え、楽しくケアすることで、特別な思い出を作り出す時間となってくれるはずです。

磨くことでピカピカに光らせられるかは経験次第。けれども靴を長持ちさせるケアであれば難易度は決して高くありません。日々のケアを積み重ねる中で、腕を磨いていきましょう

④雨に降られて濡れた時

一般に水は革にとって大敵とされます。とはいえ濡れたらそれでおしまい、というわけでもありません。濡れた後にしっかりケアをすれば、元の状態に戻すことができます。やるべきことはまずしっかり乾かすことと、その後の保湿ケアです。この保湿ケアを怠ると、革がカチカチになり大きなダメージとなります。適切な対処法を覚え、確実に実行しましょう。詳細は80ページで解説しています。

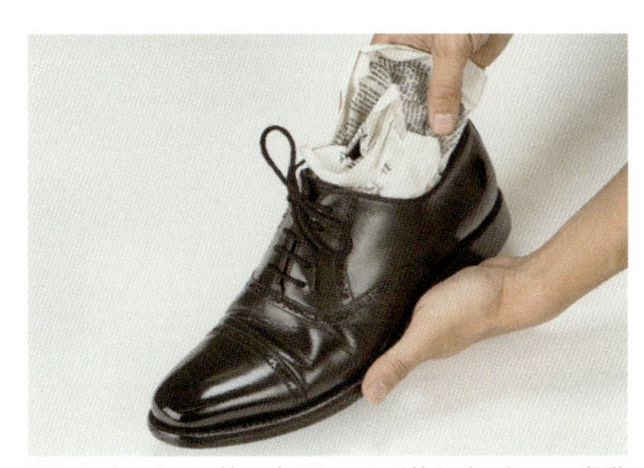

濡れた時のケアの第一歩はしっかり乾かすこと。この段階を疎かにすると、カビが発生することもあります

NEW SHOES CARE

購入直後のケア

10年履くために知識を仕入れ、厳選して購入した靴。早速履きたいところですが、ちょっと待って。長年使うためには履く前にすべきケアがあります。

展示されている靴は想像以上に疲れている

新品の靴は言うまでもなく汚れてもいなければ、傷が付いていることもありません。しかしこれはイコール履く準備が整っている、というわけではありません。

シューケアのタイミング等でも解説していますが、革靴の素材である革は、何もしなくても内部の水分や油分が抜けていってしまいます。製造や流通の過程を考えれば、買った靴ができたてホヤホヤで革も新鮮な状態である可能性は高くありません。

そんな油分や水分が抜けた乾燥した革は、見た目はキレイでも固くなっており、シワや割れを生みやすくなっています。

ですので、買った直後にまずケアをしてあげる必要があるのですが、我久さんはこの後紹介する100時間履いた後の場合と同じ内容のケアをすることを推奨しています。これは革を保湿しつつ、汚れを防止する効果が得られるため、長く愛用する上で効果的だからです。

しかし新品の靴は、磨き続けている靴に比べかなり乾燥しているので、ここでは保湿の方法に特化してその手順を解説していきます。これは同じく乾燥の度合いが酷い、雨に降られた時にも活用できます。

保湿クリームで保湿する

しっかり保湿し柔軟性を取り戻します

保湿クリームをコーヒー豆約1粒分、手に取ります。ここでは浸透力と保湿力に優れたコロンブスのブートブラック・リッチモイスチャーを使います

01

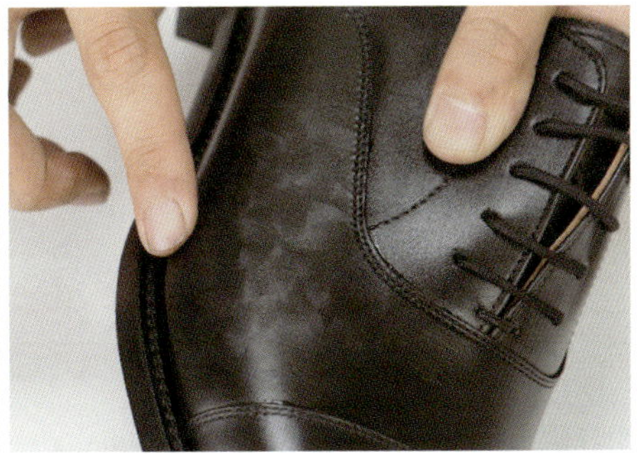

02 靴の表面に擦り込みます。充分浸透し、ヌメリが無くなって指に引っかかる感触が生まれ、表面にワックス成分による曇りが出てくればOKです

保革クリームは革を柔らかくする効果もあるので、履きシワができる部分（左手指先の部分）は、その内側からも塗っておきます

03

足があたって痛くなりそうな部分に、内側から塗っておきます。これは使い続けている靴でも有効ですが、皮脂があると成分が浸透しないので、それをアルコール除菌シートで取り除いてから作業しましょう

04

SHOECARE OF AFTER USE

履いた後のケア

日々のケアの基本中の基本、履いた後のケアについて解説します。すぐできることばかりなので、確実に実行していきましょう。

どんなに疲れていてもしておきたい最低限のケア

汚れたまま放置する。それがどんなものであっても、良くないことだと想像できるでしょう。靴を履いたら、程度の差はあれ何らかの汚れが付いています。それを落としてあげるのが、履いた後のケアの第一歩です。

革靴をビシッと身に付け、一日行動する。その内容の濃さは、人によって違い、その日によっても違います。帰宅時、元気いっぱいの時もあれば、今すぐにでも寝たいくらい疲労困憊ということもあるでしょう。でも愛する靴のことを考えたら、どんなに疲れていてもグッとこらえて、10秒でいいのでケア=ブラッシングをして、その日の汚れを落としてあげましょう。

どうせならと、そのままシューツリーを入れたくなるかも知れませんが、それはNG。革靴は一日履くと足にかいたコップ一杯分の汗を吸うことになります。それを乾かさないままシューツリーを装着してしまうと、カビを生やしてしまう可能性があるので、一晩しっかり乾燥させた後で装着します。

シューツリーは、乾燥時における油分抜けが原因の反り返りと、靴の寿命を縮める履きじわを矯正する上で必須なので、乾燥後、付け忘れがないようにしておきましょう。

①ブラッシング

ブラッシングによるホコリの除去はシューケアの第一歩。毛先が長くて柔らかい馬毛のブラシを使って、靴全体を優しくブラッシングします。時間は片足10秒ほどで充分。とても短く感じますが、実際作業してみると想像以上に長く、足全体をカバーすることができます。

写真では手で持っていますが、履いた状態でのブラッシングでもOK。全体をもれなくブラッシングしましょう

②乾燥

脱いだ靴はそのまま一晩乾燥させます。革底の靴であれば、含んだ水分は底からも抜けるので、写真右のように床に置くのではなく、写真左のように壁に立てかけてやることで、より効率的に乾燥させることができます

①シューツリーを取り付ける

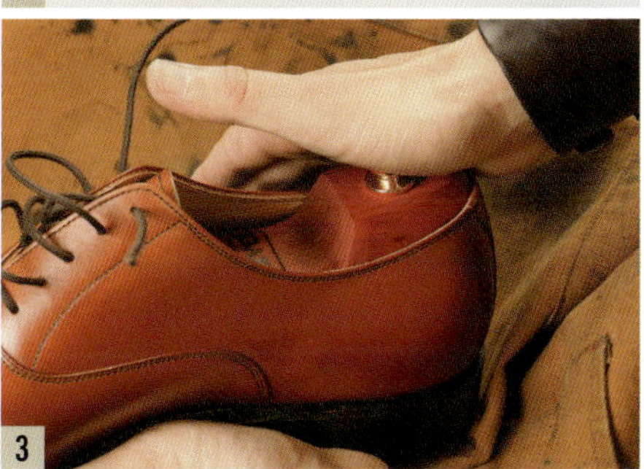

1.一晩乾かしたら、靴の形を保ち寿命を延ばす上で必須のシューツリーを取り付けます　**2.**シューレースを解いた状態で、シューツリーの先端部分を止まるまで入れます。この時、ベロを巻き込まないこと　**3.**シューツリーの後部を、かかと部分を引っ掛けないように気をつけつつ取り付けます

EVERY 100 HOUR FULL MAINTENANCE

100時間毎にしたいフルメンテナンス

100時間履いたら実施しておきたい、汚れ落としからワックス掛けまでのフルメンテナンスの手順を解説します。道具類の解説もあり必読です。

すっぴんに戻してからの保湿が大切

シューケアというと、クリーム等を使い栄養を補い、光らせることだとイメージするかもしれません。ただこれは大きな誤解で、それだけでは靴の状態を良くしつつ輝かせることはできません。

革靴のお手入れは、スキンケアと考え方が似ています。ずっとメイクをしたままではお肌が傷んでしまうように、革靴もワックスを付けた状態のままでは呼吸ができず、保湿もできないので状態が悪くなってしまいます。また乳化性クリームも、ただ塗り重ねるだけでは古いクリームが邪魔して美しく磨き上げることができません。そこでまず汚れともどもワックスとクリームを落とした「すっぴん」に戻し、スキンケア=保湿をしてから、メイク=ワックスを付けていくことが重要です。

本コーナーでは、すっぴんに戻す汚れ落としに始まり、クリームの塗り方、ワックスの塗り方の3ステップを紹介します。特にクリームは経験に応じた2つの方法を解説します。

1. 汚れ落とし

まずはクリーナーで汚れを落とします

作業の妨げになるので、シューレースは外しておきます

01

POINT

内羽根の靴は レースを残す

外羽根ではない内羽根の靴の場合、レースをすべて外そうとすると、構造上タンを傷付ける可能性があり、また通しづらいので、写真のように一番下だけは残しておきます

薬局などで販売されているアルコールの入った除菌シートで、靴の内側の皮脂や汚れを拭き取ります。つま先のホコリをしっかり掻き出しましょう

02

03 シューツリーを入れ、シワを伸ばした状態にします。シューケアをする時は、よりアッパー部分が伸びるバネ式のシューツリーが適しています

04 馬毛のブラシでホコリをはらいます。細かなすき間、特にハネの中からもしっかりホコリを掻き出しておきます

汚れ落とし布を指に巻く

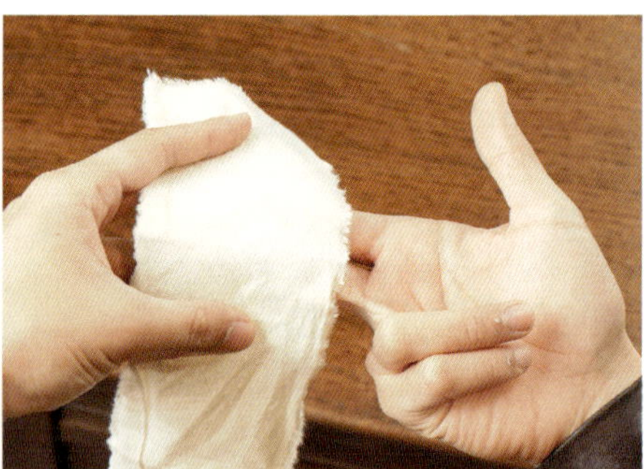

05 クリーナーで汚れを落とすために、指に汚れ落とし用の布を巻きます。まず写真左、手を銃のような形にしたら、突き出した２本の指に写真右のように布を掛けます

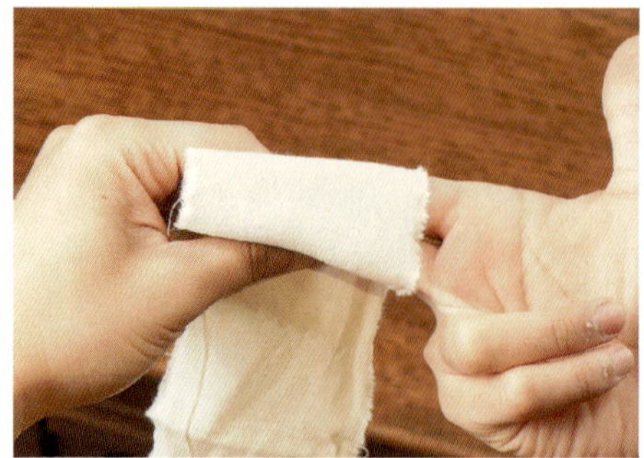
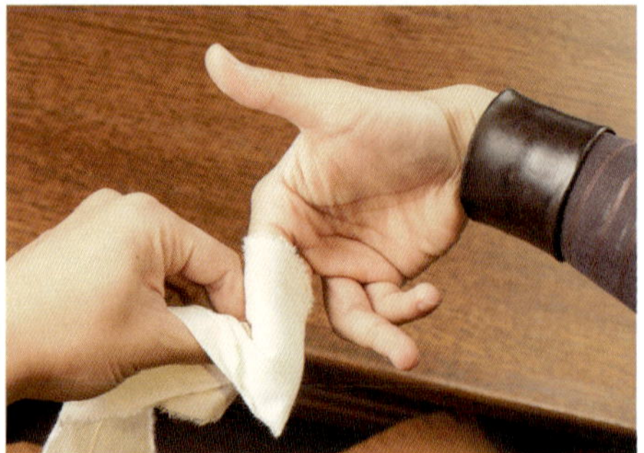

06 掛けた布を２本の指の後ろで左手で摘み、左手の位置はそのままに右手を下に向かって半回転させ手の甲を表にします

07 布が指の後ろでねじれるので、左手を反時計回りに半回転させてさらにねじり、写真右のような状態にします

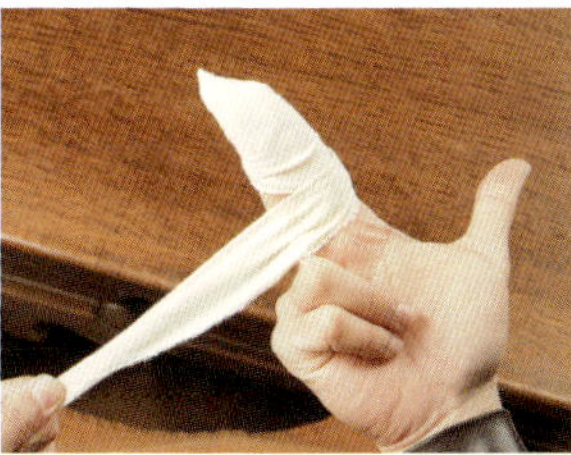

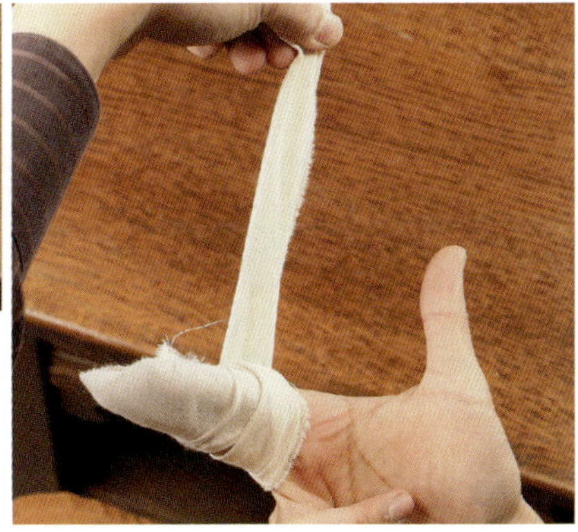

08 しっかりねじったことである程度布が固定されるので、左手を布の先の方に移し、布を引きながら、ねじれのすぐ下で水平に一周させます

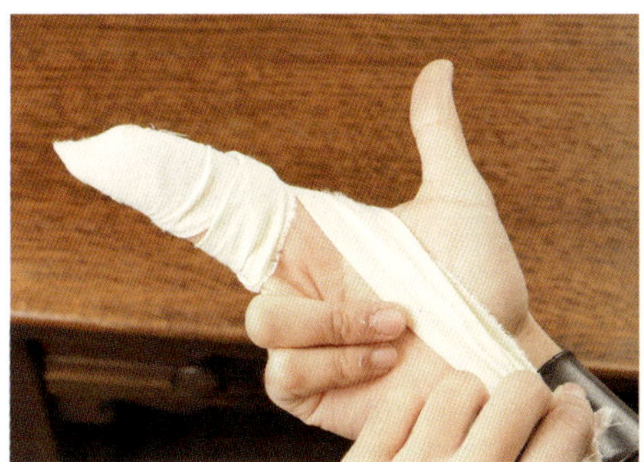

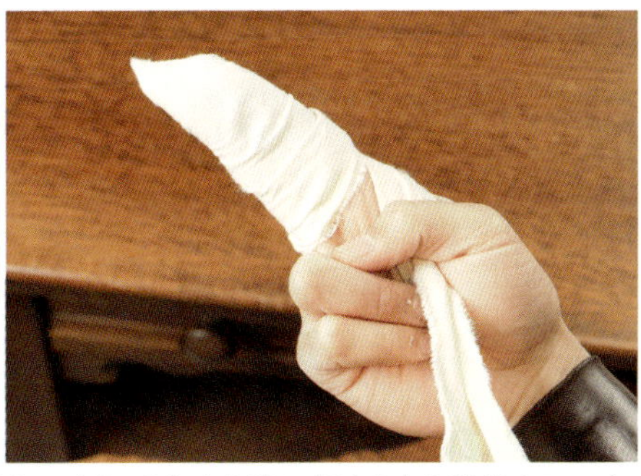

09 巻いた布の先端を親指の下に移動し、解けないよう、それを親指で押さえたら準備完了です。指先が露出していたりピンと張れずシワができているとNGなので、その時は巻き直します

クリーナーで汚れを落とす

POINT

ビギナーでも使いやすいツーフェイスプラスローション

靴の汚れには水性と油性があり、適したクリーナーは違いますがこの製品ならどちらにも有効なので、初心者にもお勧め。保湿剤も入っているのでコードバンにも使用可能です。

10 ツーフェイスプラスローションは、保存状態だと容器の中で２層に分かれています。使う前には、全体が白くなるまで容器を振って、よく混ぜておきます

巻きつけた布の指先部分に、クリーナーを500円玉程度の大きさで付けます。クリーナーが直接掛かる恐れがあるので、靴の上で作業しないようにしましょう

POINT

作業は必ずカカトの内側から

クリーナーやクリームを塗る際、特に薄い色の靴だとシミができることがあります。仮にできても目立ちにくいかかとの内側から作業します。シミができるようなら乾燥しているので保湿クリームを塗りましょう。

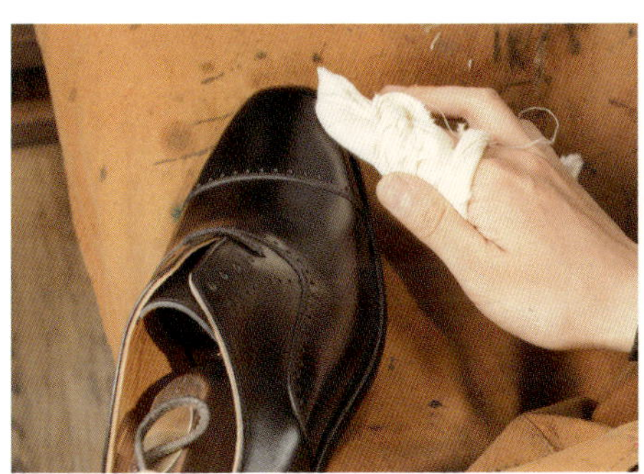

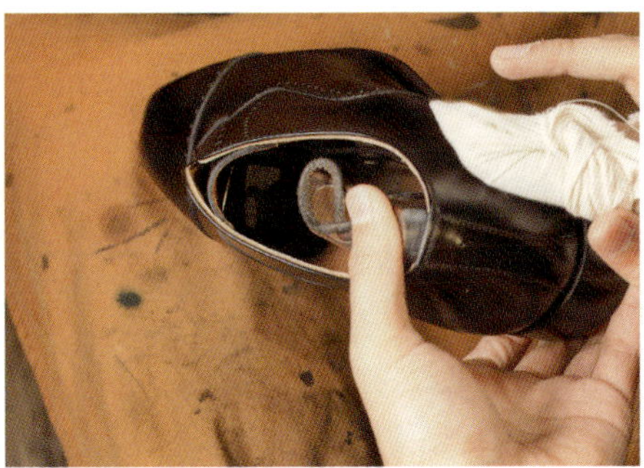

12 布は指の重さだけで靴の表面に当て汚れを拭き取っていきます。かかと内側、つま先、外側のかかとの順で1周作業し、汚れが落ちきれなかったら、靴を乾かしてから再度作業します

2.靴クリームを塗る

汚れを落としたら靴クリームを塗り保湿します

靴クリームの違い

靴クリームには乳化性、油性の2種類があり、性質が異なります。油性クリームは蝋=ワックス分が多く、単独でも艶が豊かで水シミ対策も期待でき保湿効果も高いですがやや扱いが難しくなります。乳化性クリームは水分量が多く伸びやすいため、靴が極度に乾燥していてもシミになりにくく、初心者や新品・水濡れ時に適しています。併用も効果的です。

乳化性クリーム（初心者向け）

||

水＋油＋蝋

油性クリーム（中上級者向け）

||

油＋蝋

初心者向け乳化性クリームの場合

シミになりにくい（乾燥しているほどシミになりやすい）ため、初心者にもおすすめの乳化性クリームから塗り方を説明していきます。初心者向けと書きましたが、色数豊富でリーズナブルかつ扱いやすいので、ベテランでも新品の靴や雨に濡れた後など、靴がかなり乾燥している時にはお勧めです。汚れ等を防ぐワックス分の含有量は少ないので、つま先やかかとにはワックスを別途塗ることを推奨します。

01 ここではコロンブス製ブートブラック・シュークリーム（全38色）を使用します

02 まずコバ用に用意したブラシを使い、ウェルトにクリームを塗ります。コーヒー豆約3個分程度のクリームを取り、歯磨きのイメージでウェルト全体に擦り込みます

続いてアッパーに塗ってきます。今度は手を使い、指先にコーヒー豆約1個分のクリームを取ります。一度に多く取るとトラブルのもとになるので、量は守りましょう

03

クリーナー同様、シミができても目立ちにくい、かかとの内側からクリームを塗ります。もしシミになったら、より薄いクリームにするか、乾燥しているので保革クリームを塗ります。レザーソールならついでにコバにも塗っておきます

04

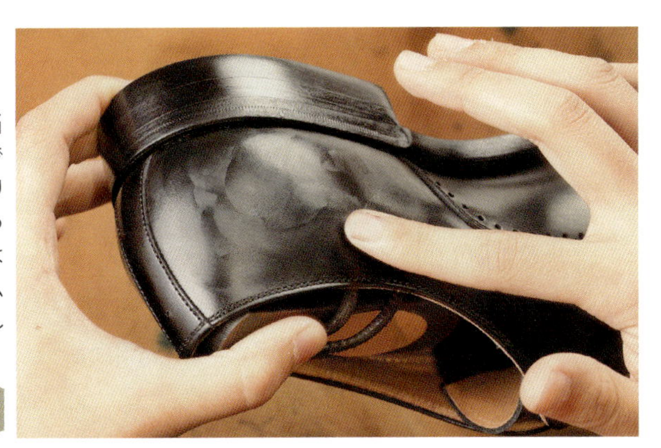

クリームは、自重のみで靴に当てた指でヌメリが無くなるまで塗り広げます。表面が蝋により曇ってくるまでクリームを取って塗るを繰り返します。布ではなく指で塗ることで、クリームが温められ、成分がより浸透しやすくなります

Point

履きシワは
靴のほうれい線！

履きシワのある部分は、シワに沿って指を動かしてクリームを塗っていきます

全体にクリームを塗ったら、豚毛ブラシでブラッシングし、クリームを靴に擦り込みます

06

ブラッシングはリズムが大切！

ブラッシングはザッザッザッのリズムで大きく動かすとクリームが動くだけで擦り込めないので、歯磨きのように小さくシャカシャカ動かすのが正解です。またブラシの位置はそのままに、つま先を支点に靴を回転させてブラッシングしましょう。こうすると見た目にカッコイイだけでなく、楽かつ効率的に作業を進めることができます。

つま先を支点に、立てた状態で内側のかかと部分からブラッシングを始めます。つま先に向けてブラシを下げていったら、靴を回転させ逆側の側面を擦っていきます。最後に底を下にして靴を保持し、上面をブラッシングすれば完了

仕上げに、汚れ落としに使ったものと同様の布を指に巻き、全体を表面がべたつかなくなるまで乾拭きすれは作業完了。これも指には力を入れず自重のみで拭き上げます。力が強いとせっかく塗ったクリームを剥がしてしまいます

07

中上級者向け油性クリームの場合

続いて油性クリームの塗り方を紹介します。透明感のある艶が得られ、傷や水への耐性が上がりますが、乾燥した靴だとシミになる恐れもあり、また磨き手順も多少異なるので、中～上級者向けと言えます。単独で使うのではなく、乳化性クリームを塗った後、油性クリームを重ね塗りするという使い方をすれば、両者のいいとこ取りができるハイエンドクリームになります。

01 保湿効果が高く深い艶が得られるコロンブス・アーティストパレットを使います

汚れを落としたら、クリームを取ります。アーティストパレットは浸透・保湿力が高いので、写真のように取る量は極少量で充分です（他の油性クリームならコーヒー豆１個分程度）

02

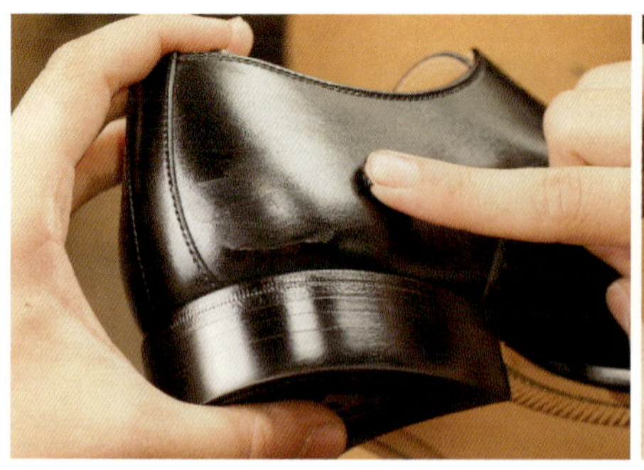

03 乳化性クリーム同様、まずかかとの内側から塗り始めて問題がないかを確認します。塗り方自体は乳化性クリームと同様です

クリームを塗り終えたら、乳化性クリームの場合と同じく豚毛ブラシでブラッシングします

04

ネル生地を巻く（佐藤我久流：名古屋巻き）

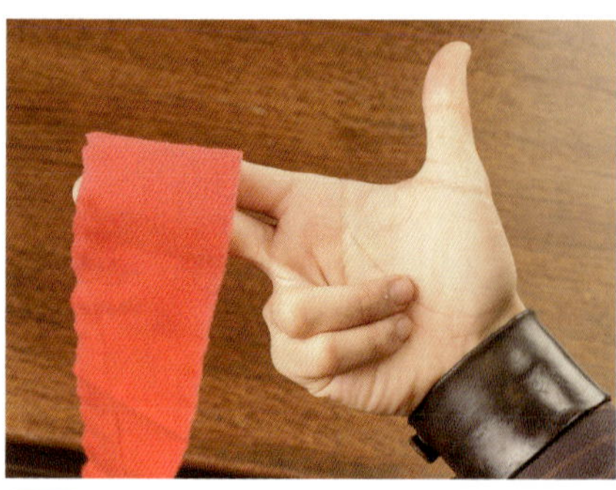

05 ネル生地を指に巻きます。まずこのように2本指に布をかけます

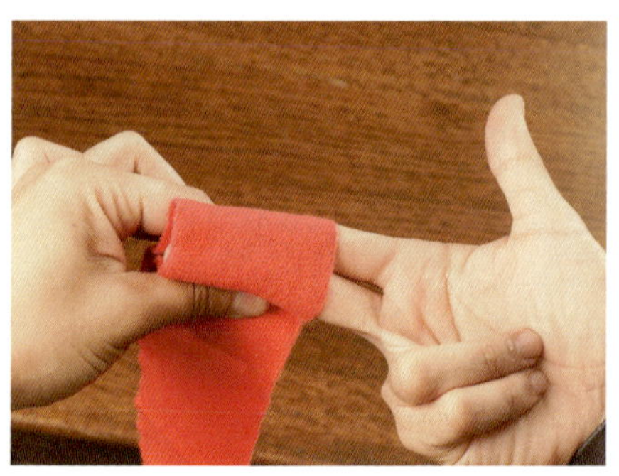

06 かけた指の後ろで、布を掴みます

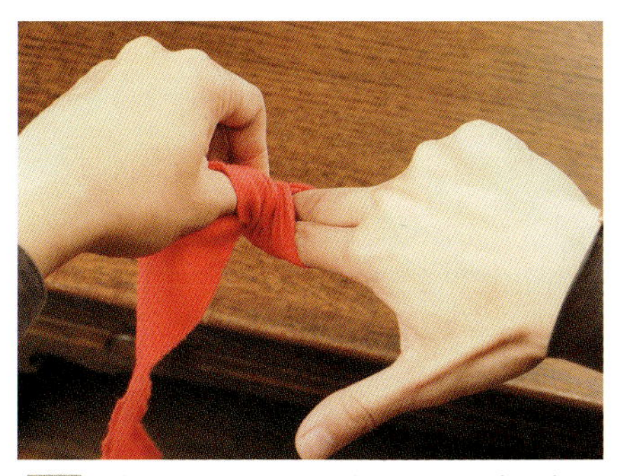

07 左手はそのままで右手を下に半回転させます

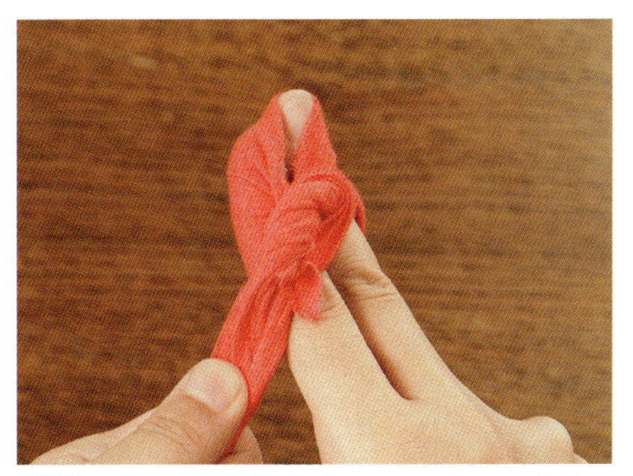

08 左手でさらに布をしっかりねじります

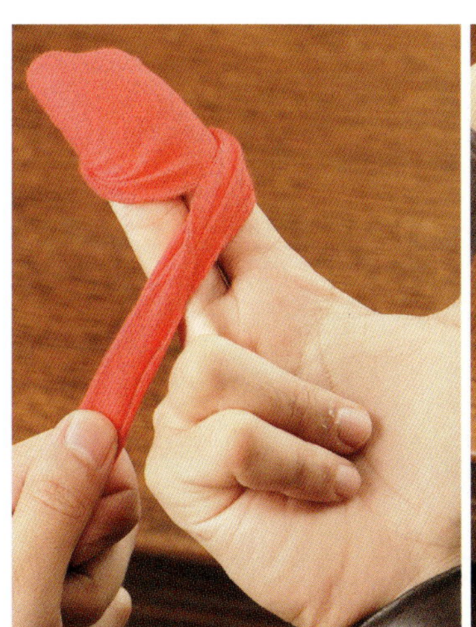

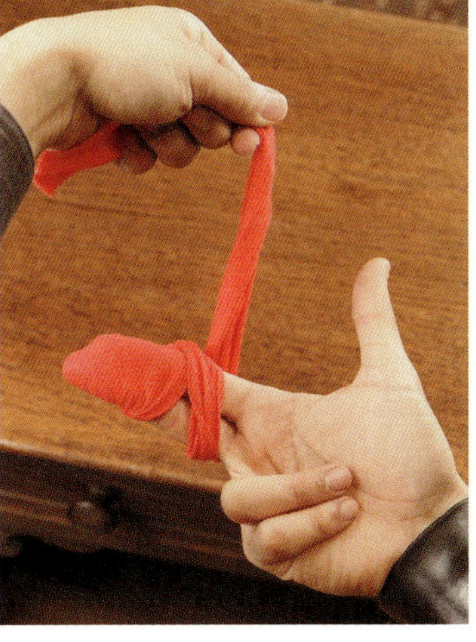

ねじった布の先を指の根元方向に引き、そのまま指に引っ掛けUターンさせます

09

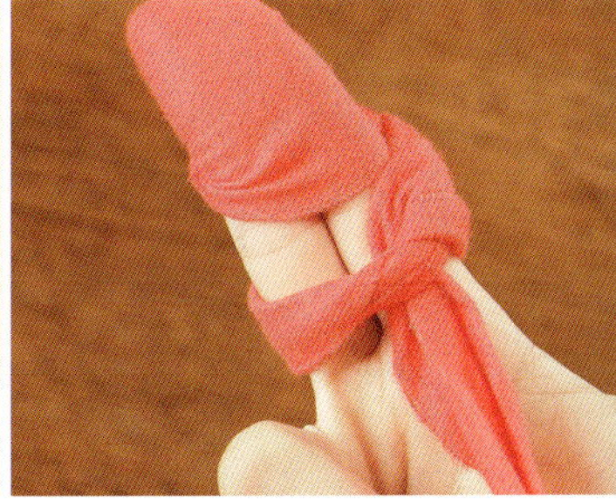

10 上に持ち上げた布を人差し指側から真横に渡し、29で作った斜めの布の下に通します

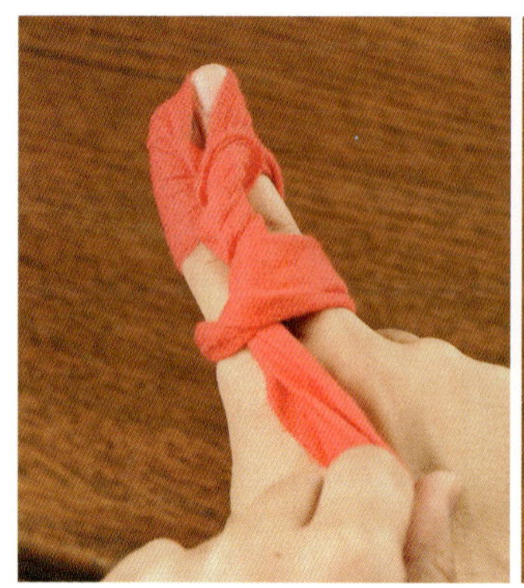

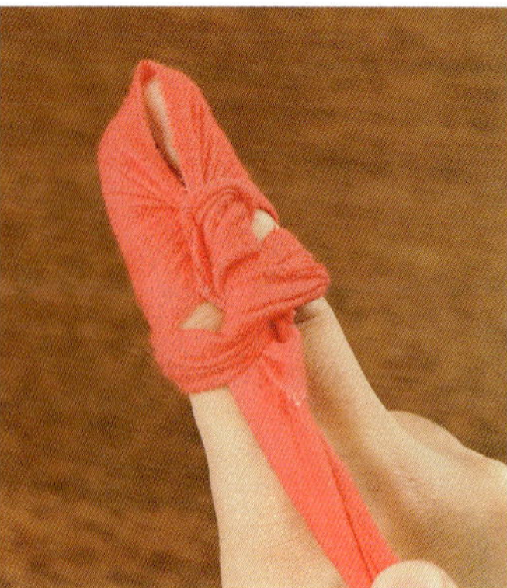

通した布の先を持ちながら右手を裏返し、写真左の状態にしたら、布の先を引いて引き締めます

11

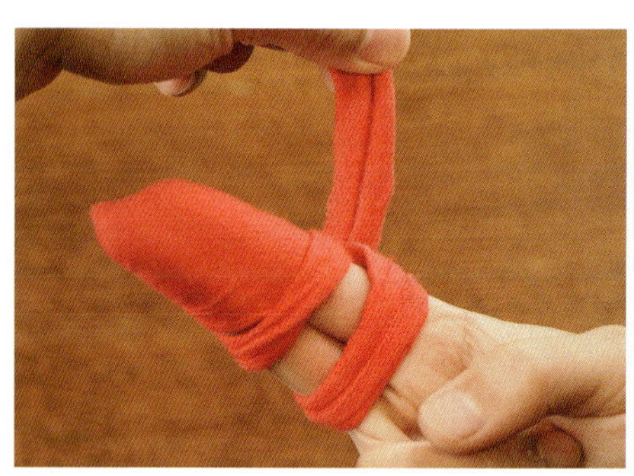

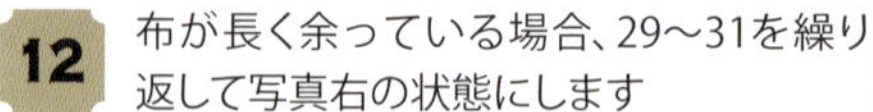

12 布が長く余っている場合、29～31を繰り返して写真右の状態にします

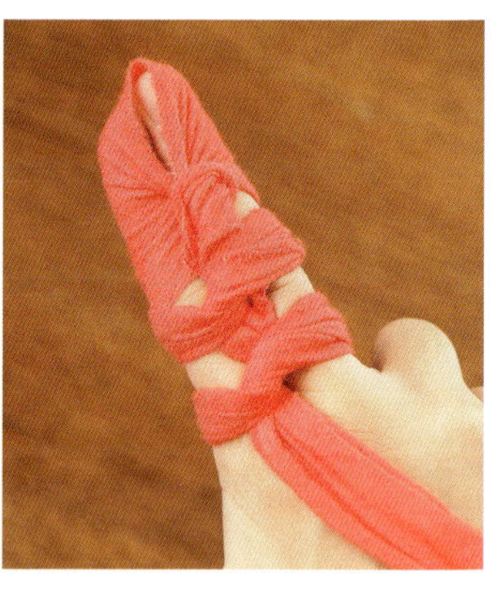

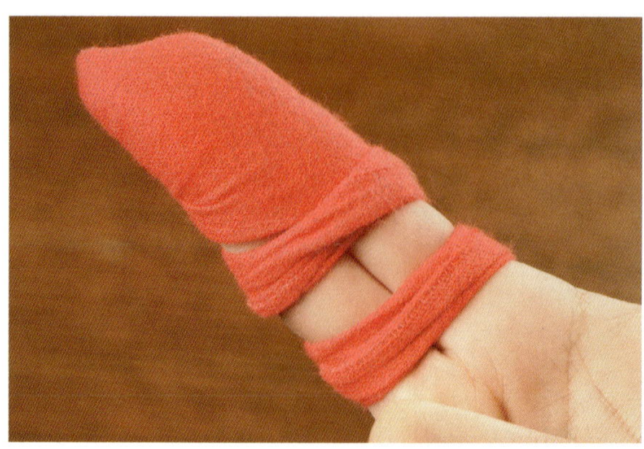

これで端を親指で押さえなくても布が解けることがなくなり、通常の巻き方よりも力強く磨くことができます。指先の布にシワが無いことが重要なので、もしできているようなら巻き直します

13

水を使って仕上げる

この作業も内側のかかとからスタートします。水を2～3滴靴に付けたら、指の自重のみで優しく磨いていきます。クリームの塗布が不充分な場合、水が吸い込まれシミになる可能性があります

14

問題がなければ全体を磨いていきます。布が湿った状態を保てるよう適宜水を追加しつつ、表面がべたつかなくなるまで磨きます。油性クリームの場合、これだけでも充分とも言える透明感のある艶を出すことができます

15

左が乳化性クリーム、右が油性クリームを塗った例です。艶の出やすいアーティストパレットを使ったこともあり、右側の方が全体的に光り輝いているのが分かります

16

3.ワックスを塗る

ワックスを使い鏡面磨きをして仕上げます

ワックスの効用

靴におけるワックスは、スキンケアが終了した後のメイクにあたる工程と言えますが、ワックスを塗る目的は、輝かせることだけではありません。車を乗る人であれば想像しやすいと思いますが、ワックスには水をはじき、汚れの付着を低減する効果もあります。特に乳化性クリームを使った場合、この効果を得るためにワックスを塗るのは必須と言えます。初心者はまずこの効果を得るためにワックスを塗りましょう。

クリームを塗る工程まで済ませたスコッチグレインのベルオム。こちらをモデルとして鏡面磨きをしていきます。特につま先の艶の違いに注目してください

ワックスの準備

靴用のワックスは、固いほど短時間で艶が出る傾向にあります。しかし扱いが難しく、何かに当たった時に割れやすい短所があります。とは言え新品状態では柔らかすぎるので、乾かすことで適度に硬くして使うのをお勧めします。ここで使うKIWIのワックスであれば、蓋を開けた状態で1週間程度乾かせば、適切な状態になります。製品を選ぶ時は、固さやブランドよりも塗った時の伸びやすさを重視しましょう。

ここではKIWIのパレードグロス プレステージを使います。左は新品状態、右は１週間乾燥させたものです

POINT

蓋を開けて乾燥させても、乾いているのは表面だけなので、そのままで使わず、事前にヘラ等でまんべんなくコネておきます

こちらは輝きやすい、カチカチに乾燥させたワックス。手早く艶の出る状態にできますが、扱いが難しく、固すぎるため塗った後のワックスの膜が割れやすくなります

ワックスを塗る

ワックスは薄く塗る分には大丈夫ですが、鏡面になるほど厚く塗ると、ちょっとした変形で割れてしまいます。つまり鏡面磨きできるのは、芯が入って変形しにくいつま先とかかとだけと覚えておきましょう。ワックスは塗り重ねる層の数が増えるに従って艶が出てきます。ただ手入れを繰り返すと、より少ない層でも艶が出るように靴が育ってきます。それを確認できるのも、靴磨きの楽しみの1つと言えます。

01 指にワックスを取ります。ごく少量取ることが大切です

02 ワックスの上に置いた指を、スマートフォンをスクロールする力加減で動かし、写真右の程度取ります。このように指先にうっすら付く程度で充分です

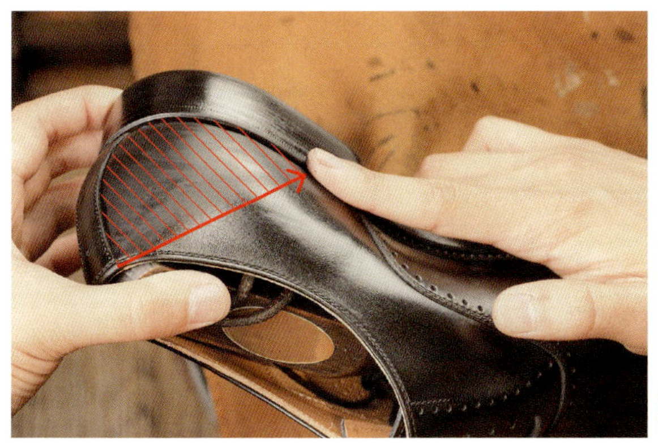

これまで同様、かかとの内側から塗り始めます。鏡面磨きしていくので、塗るのは芯が入っている部分限定で、擦ってキュッキュッと音がするまでグラデーションを意識して指で塗ります

03

POINT

グラデーションを意識する

改めてワックスを取ってから、つま先に塗っていきます。つま先は範囲が広いので、3分割で、つま先から甲にかけて塗り伸ばします。光らせるというより曇らせるイメージで塗っていきましょう

続いて外側のかかとにもグラデーションを意識して塗ります。塗ったワックスは固める必要があるので（固めないと動いてしまい光らない）、片側が終わったら逆側の靴を作業するようにします。ワックスを固める時間は、片足分を塗る作業時間で充分です

佐藤我久流ハンドポリッシュ

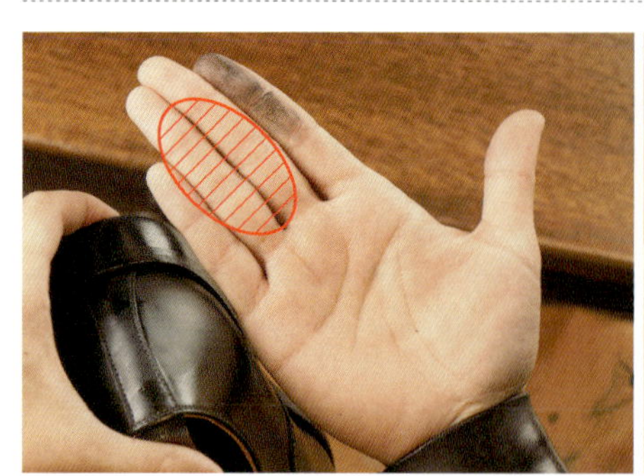

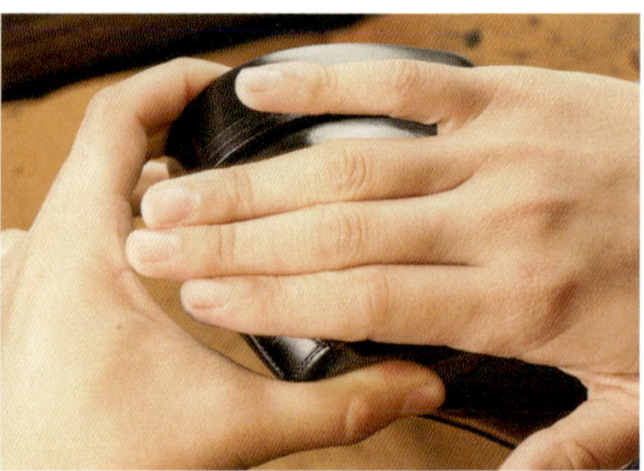

06 寝かせてワックスを固めたら、手のワックスが付いていない部分でワックスを擦り込みます。かかと部分は指を使うとよいでしょう

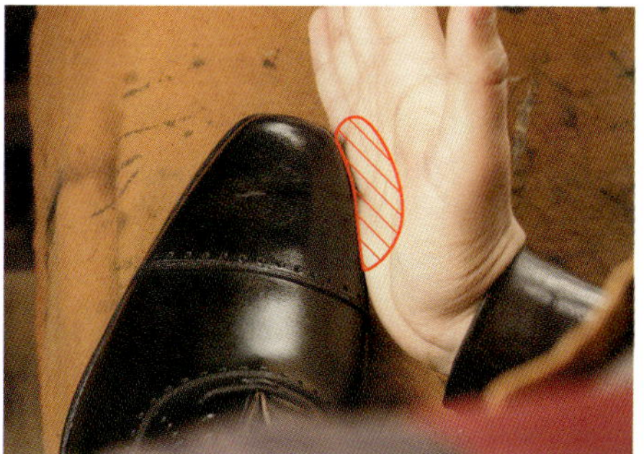

07 つま先は手のひらを使い、サイド部分までしっかり擦ります。このハンドポリッシュをすると曇っていた表面が埋まり、凸凹が平になることで光ってきます

POINT

鏡面仕上に必要な層は ハンドポリッシュ含め 約10 ～20層

靴の品質や育ち具合によりますが、鏡面状態にするためにワックスは10～20層塗り重ねる必要があります

08 2層目以降もワックス塗布、ハンドポリッシュの順で作業します。層を重ねるとハンドポリッシュ時にキュッキュッと音がします。光沢が出てきたら、さらにもう１層ワックスを塗ります。写真のスコッチグレイン・ベルオムではハンドポリッシュで3層ワックスを重ねました。

水と布で磨く

ワックスの塗布ができたので、水と布を使って磨いていきます。この工程が深い輝きを出せるかどうかを左右します。ポイントは水の量で、光らせるために必要ですが、多すぎると逆にそれを阻害してしまいます。必要最低限の量を使い、足りないなら足すというアプローチが大切です。また靴に水をのせた時、吸い込まれるようならワックスが掛かっていません。その状態で磨いても絶対光らないので注意です。

09 ネル生地を先に紹介した名古屋巻きで指に巻きつけます

布を巻いた指先に、薄くワックスを付けます。これはワックスを塗るためではなく、塗ったワックスを剥がさないため。また作業中は布の位置は変えないようにします

10

POINT

水は米粒2つ分とごく少量でOK

かかとの内側に米粒2つ分の水をのせます。水は布（指先）が常に湿った状態になるよう適宜追加します。水を付け過ぎた時は反対の手のひらを叩くなどして調整しましょう。

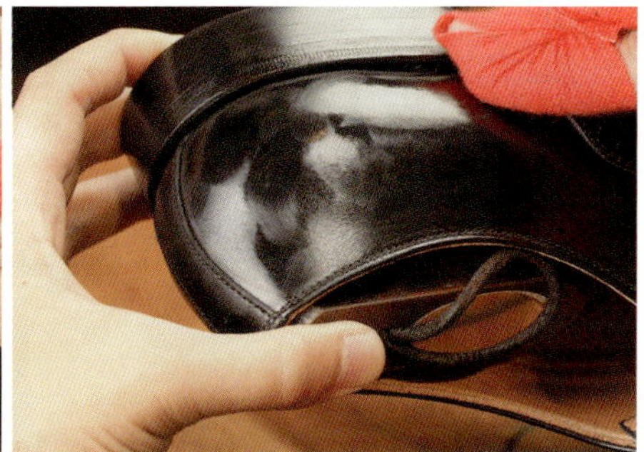

11 ワックスを円を描くようにこねるイメージで磨き（ワックスが剥がれることがあるので最初は力を入れ過ぎないこと！）、曇りを取ります。曇りが取れない時は水を追加しますが、磨いたことによる円形の筋状の曇りが少し残るようにします

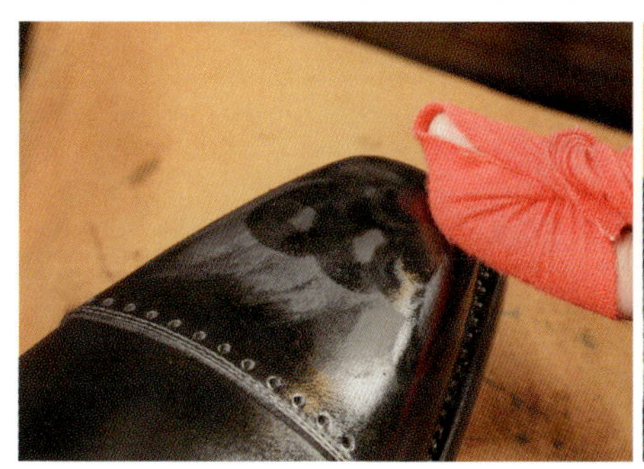
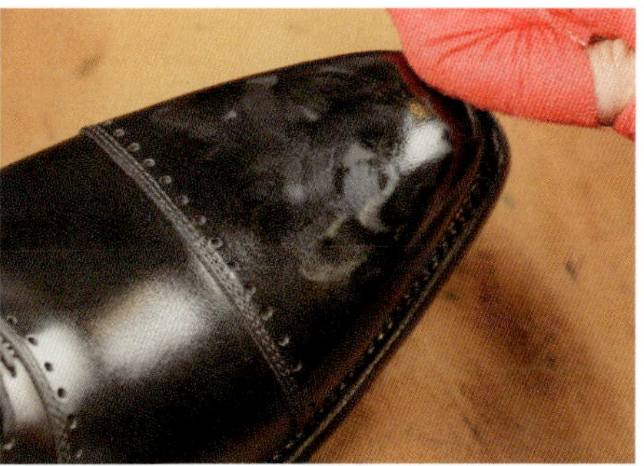

12 つま先も同様にして磨きます。このわずかに曇りを残すのは、以降の過程における磨きの土台とするためです

POINT

つま先とかかとをつないで立体感を演出しよう

つま先とかかとの間で、ソールからの立ち上がり部分を、布に付いたワックスでつなげるように磨くと、立体感のある仕上がりに。ここは円状ではなく直線的に磨いておきます

光らない時は磨くな！

磨いても磨いても光らない。そんな時は一旦磨くのを止めます。光らない原因の多くは磨き方ではなくワックスが固まっていないから。そこで手を止め時間を置くことで、ワックスを固めてあげましょう。

10分程度あれば、ワックスは磨ける程度にまで固まります。光らないからと磨き続けると熱が入り、ワックスを柔らかくしてしまいます

好みの光沢が出たら、この後の作業で磨いた場所を傷つけないために、シューレースを結んでおきます

13

上級テクニック　山羊毛ブラシ

布と水を使った磨きが終わったら、ブラッシングしていきます。これは余分なものを弾き飛ばすためのシュークリームのブラッシングとは異なり、ワックス分を靴全体に行き渡らせる事が目的です。せっかく磨いて光った部分を傷つけないため、使用するブラシは柔らかい山羊毛ブラシを使用します。予算があればぜひチャレンジしてみよう！

01 ブラシに塗るため、指先に水を５滴ほどとります

02 水をとった指で撫でるようにして、毛先に水を含ませます

03 つま先とかかとだけでなく、全体を優しくブラッシングすることで、ワックスを行き渡らせます。すると全体がじんわりと輝き、光沢がつながるようになります。新品の靴の場合、ワックスをとってしまうため、ソールの立ち上がり部分を優しくブラッシングします

水研ぎして仕上げる

ブラッシングして靴全体にワックスを行き渡らせたら、鏡面磨きするつま先とかかとに仕上げをしていきます。ここで登場するのは水とネル生地ですが、使い方は先程とは異なります。基本的な光沢は出ているはずなので、この作業は、意図的に残しておいたわずかな曇り（くすみ）を無くすことが目的です。ネル生地を巻く時は名古屋巻きできっちり巻き、きれいな部分が指先にくるようにしましょう。

14 つま先から磨きます。まず水を多少多めの米粒3滴のせます

15 先程は丸く磨きましたが、ここでは前後方向のみの直線でシャッシャッと研ぐイメージで磨きます。つま先方向に動かす時のみ力を入れ、くすみが無くなるまで磨いていきましょう

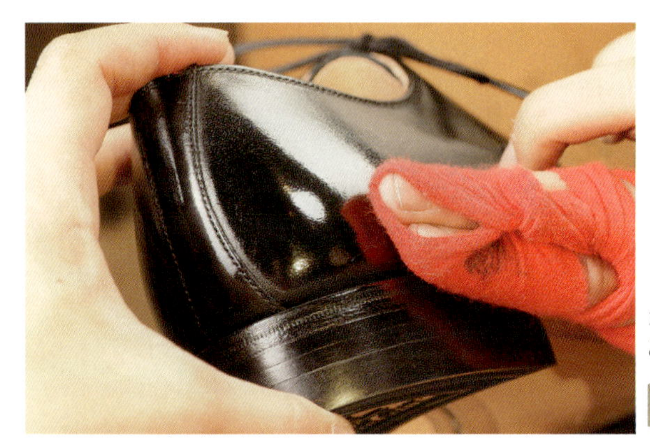

かかとも同じく、前後方向にのみ指を動かして磨きます

16

メンテナンス完了

以上で鏡面磨きを含めたフルメンテナンスの完成です。ワックス塗布前に比べるとつま先部分はもちろん、全体として光っているのが分かります。このピカピカの靴で気分よく月曜日を迎えましょう!

17

SHOECARE OF OTHER SHOES

黒のスムースレザー以外のケア

ここまで紹介した黒色のスムースレザー以外の靴でのケアを紹介していきます。基本は同じでも意外な注意点が隠れているので予習は必須です。

注意点を覚えてトラブルをなくそう

革靴の定番は黒のスムースレザー（牛革製）ですが、それ以外の種類もあります。スムースレザーであれば、基本的なお手入れの仕方は同じと言えますが、あくまで大部分が同じなのであって全く同じではなく、その違いを無視してしまうと問題が起こってしまいます。具体的には、本来の色から大きく変わってしまう、お手入れによってシミができてしまうといったことが挙げられます。せっかくお手入れするのですから、そういった違いをきちんと把握し、適切に作業していきたいものです。

そこでここでは、黒のスムースレザー以外の靴、薄い色（茶色）のスムースレザー、スエード、コードバンと人気の3種の靴のお手入れ方法を紹介します。

表面がなめらかなスムースレザー、コードバンに関しては、黒のスムースレザーのお手入れと大筋は同じです。ただ前述したようなトラブルを起こす要素があるので、その注意点を踏まえて作業する必要があります。スエードについては、お手入れのアプローチが全く違います。必要な道具も大きく異なるので、靴を入手する際には、合わせて道具類も用意するようにしましょう。

薄い色の靴

薄い茶色の靴のお手入れを解説します

茶色に代表される薄い色の靴は、ドレッシーな雰囲気を持ち、靴好きであれば1足は持っていたいものです。ただ黒のスムースレザーと素材や製法が同じでも、お手入れには多少気を使わなければいけません。黒色であればクリーム等の色合せは不要でシミができてもまず目立ちませんが、薄い色ではそれらに気を使わなければいけません。一口に茶色と言っても色合いは多様なので、クリームやワックスを買う際は、靴を持参すると良いでしょう。

このスコッチグレインのオデッサをモデルに磨いていきます。写真は汚れ等を全て落とした状態です

クリームは靴と同色か薄い色を

薄い色の靴で重要なのはクリームとワックスの色選びです。一口に茶色と言っても色合いは様々で、何となくで選んでしまうと色が違い、磨くことで元の色が失われかねません。製品を選ぶ場合は、靴を持参し見比べる事をお勧めします。迷った場合、靴より少し薄い色であれば、元の色合いを崩すことはありません。またクリームを塗った時シミができた場合は、より薄い色のクリームに変えると良いでしょう。

このようにクリームと靴の色を実際に比べながら、靴より薄い色の製品を選ぶとトラブルになりません

ブラシはクリームの色ごとに用意

クリームを塗る作業には豚毛のブラシが必須です。豚毛ブラシは塗ったクリームを靴に刷り込みつつ、余分なクリームを掻き出すのが仕事なので、ブラシの毛にはクリームが付着します。そんなブラシを色の違いを無視して併用すると、せっかく適切な色のクリームを選んでも台無しに。そこで豚毛ブラシは特定の色のクリームごとに用意します。

同じ茶色のクリームでも、ブラシに付いた色を見ると大分色の濃さが違います。横着してブラシを共用すると、正しい色合いにならないのはもちろん、色ムラを起こします

手早く作業するのがポイント

薄い色の靴は、クリームの色によるものだけでなく、作業具合によっても色ムラやシミができてしまいます。クリームが長時間のった状態にするとそういったトラブルが起きるので、クリームを塗ってブラッシングするまでの作業を手早く行なうことが重要です

スエード

起毛革であるスエードはお手入れの方法が違います

滑らかな表面のスムースレザーとは違い、表面が細かな毛のようになっているスエードは、全くと言っていいほどお手入れの方法が違います。スエードは、水に対して耐性があると言われますが、汚れに対しては弱いので、防汚効果もある防水スプレーを事前にかけておき、使用においても汚さないよう気を付けるといった気遣いも必要です。スエードらしい質感を長く楽しめるよう、適切なお手入れを実行していきましょう。

我久さんが長年手がけているというスコッチグレインのスエードの靴。こちらをモデルにお手入れの手順を解説します

汚れを落とす

まず馬毛ブラシを使い、付着したホコリを落とします。汚れが目立つ部分があれば、スエード専用のゴム製のクリーナーで擦り（力を入れて擦ってOK）、汚れをゴムに付着させます

毛を起こす

汚れとともにスエード靴の質感を損ねる原因は、表面の毛が寝てしまうことです。ここでは2つのステップで毛を起こしていきます。スムースレザーの常識で見ると、かなり荒っぽく感じるかもしれませんが、大胆に作業しないと元の質感を取り戻すことができません。もちろんやり過ぎはいけませんが、思い切って取り組みましょう。

#280の紙やすりで毛が寝てしまった部分や汚れた部分を軽く削るようにして毛を起こします。上記のクリーナーで落ちない汚れも、これで落とすことができます

毛が起きたら、スエード用のワイヤーブラシを使い、中のホコリを掻き出すイメージでブラッシングして、毛並みを整えます。デリケートなスエードの場合、あまり粗いブラシだと傷むので、目の細かいブラシを使います

毛先を炙って整える

紙やすりとワイヤーブラシで表面の毛を起こすと、起きた毛の毛足の違いが目立ってしまいます。そこでライターで炙り、毛足の長いものを整えます。ライターで炙ることで、長い部分が短くなってくるので、表面をよく確認し、炙りすぎないよう気をつけ、全体を処理します。

ライターの炎の先で毛先を炙り、毛足の長さを整えます

防水スプレーで仕上げ

水と油汚れを防ぐため防水スプレーを吹きます。換気の良い所で、缶の長さの分だけ離した状態で（近いとシミになる）、ミストで包み込むように吹き付けます。もし色が抜けてきていたら、色付きのスプレーを同様にして吹きます。

注意：火災の恐れがあるので、スプレーは必ずライターでの毛並み処理の後にします

コードバン　憧れのコードバンはお手入れもひと味違います

希少性に由来する価格の高さだけでなく、独特の輝きを見せることで、革のダイヤモンドとも呼ばれるコードバン。同じ革でも構造が異なるため、一般的な牛革のスムースレザーとは違う特性を持ち、それに合わせたお手入れが求められます。といっても基本的な手順は同じで、クリームを重点的に塗る場所がある、割れにくいので全体にワックスを塗っていく、水に弱いのでシミにより意識を払う必要があるといった点が、注意点として挙げられます。

モデルとして使用するのは我久さんの愛用品で、コードバンの靴の定番と言えるオールデン製のローファーです。写真は汚れ落としまでが済んだ状態です

白くくすんでいた場合

コードバンを使った靴特有の現象として、表面の白いくすみがあります。これは汚れではなく、表面が毛羽立ってしまうことが原因で、安定した銀面層がある一般的なスムースレザーでは発生しません。この白いくすみは汚れではないので、通常のお手入れでは対処できませんが、解決方法は難しくありません。表面を引っ掛けて傷付けることのない、丸い棒で押し付け、毛羽立った表面を寝かすだけです。

白いくすみは履きシワができる部分に発生しやすいと言えます。丸い棒で押し付け、毛羽立ちを寝かせることで、解消することができます

お勧めはアーティストパレット

コードバン専用クリームもありますが、我久さんお勧めはアーティストパレット。水を含まず保湿効果が高いため相性抜群。経年変化を楽しみたいコードバンだからこそ「色をのせて遊べる」アーティストパレット特有の楽しみもあります。

コードバンの靴の定番色でモデル靴も該当するバーガンディ。我久さんはそれにアーティストのプルーンを合わせるのをお勧めしています

クリームの塗り方

コーヒー豆1粒分を取り、塗り広げていくという基本は、コードバンであっても変わりません。ただ、単純に塗っていくのではなく、毛羽立ちを抑え、それを寝かせるイメージで塗っていく点は異なります。コードバンは表面の質感はスムースレザーに似ていますが、あくまで加工によってそうなっているだけで、構造的には大分違うことを意識しなければいけません。

01 基本通り、かかとの内側から少量ずつ塗っていきます

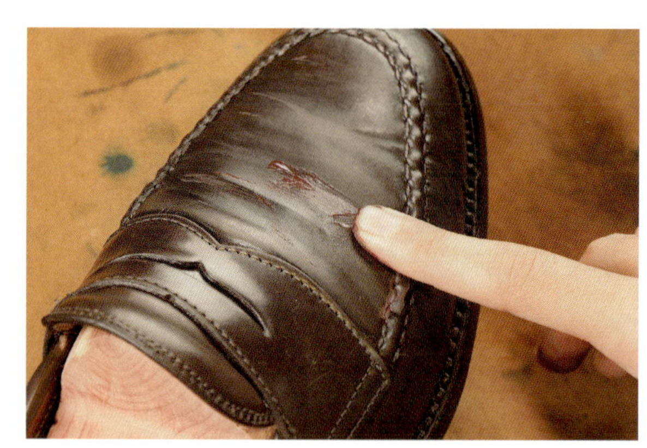

コードバンでは履きシワが目立ちやすいので、シワに沿って指を動かしてクリームを塗っていき、全体にしっかりとクリームを行き渡らせます

02

POINT

ステッチ部分にもしっかりクリームを

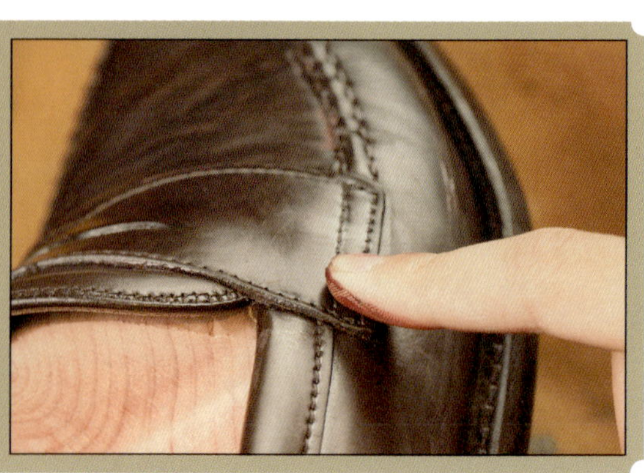

コードバンは乾燥するとステッチから裂けてくることが多いので、ステッチ周りにもしっかりクリームを擦り込みます

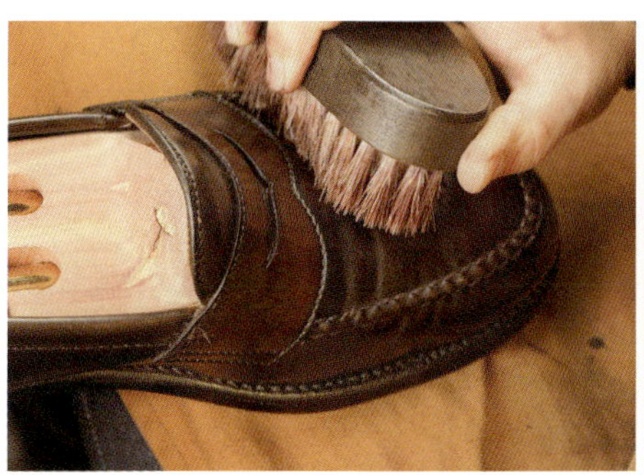

03 クリームを塗り終えたら豚毛のブラシでクリームを擦り込みます。アーティストパレットを使う場合は、クリームが乾く前にブラッシングするようにします

POINT

磨く時の水は少量とし素早く磨く

コードバンは水に弱いので、磨きに使う水は普段より少量とし、手早く磨きます。クリームが塗れていないとシミになるので、まず2滴水を出し、弾いている=しっかり塗れているかを確認します

04 磨き用の布を指に巻いたら、ハンドラップで指先を湿らせます。ハンドラップは先端の中央ではなく、端を軽く押すことで、水を出し過ぎないようにします(スムースレザーでも同様)

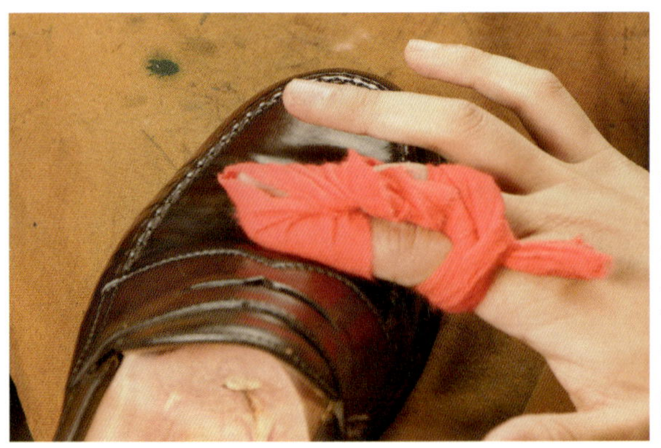

指先を湿らせた布で、全体を磨きます。ゆっくり作業すると水分が染みこんでしまうので、手早く、テンポよく磨いていきます。これは繊細なカーフや薄い色の靴でも同様です

05

ワックスの塗り方

艶はもちろん、防水効果も狙ってワックスを塗っていきます。ワックスは割れやすいので、指先でしっかり塗るのは芯が入ったつま先やかかとに限定されるのが一般的ですが、コードバンの場合は割れにくく水シミを防ぐためにも、全体的に薄く塗っていくのがポイントとなります。ワックスも水を使いますが、この場合も手早く作業する点はクリームの場合と変わりません。

ここでは色数豊富で油分が多くコードバンにも相性の良いブートブラック・シューポリッシュのモルトブラウン（写真は別色）を使用します

01 スマートフォンをスクロールさせる時と同様の力具合で、ワックスを指先に取ります

02 シワの部分を含む全体にワックスを塗っていきます。クリームの時と同様、表面を寝かせるイメージで擦り込んでいきましょう。他の手順はスムースレザーの場合と同じです

POINT

コバの手入れをしたなら そこにも靴クリームと ワックスを

この靴では、70ページで紹介しているコバのお手入れもしています。その場合、コバにもワックスを塗っておきます

磨き用の布に3〜5滴、靴に2滴水を取ります

03

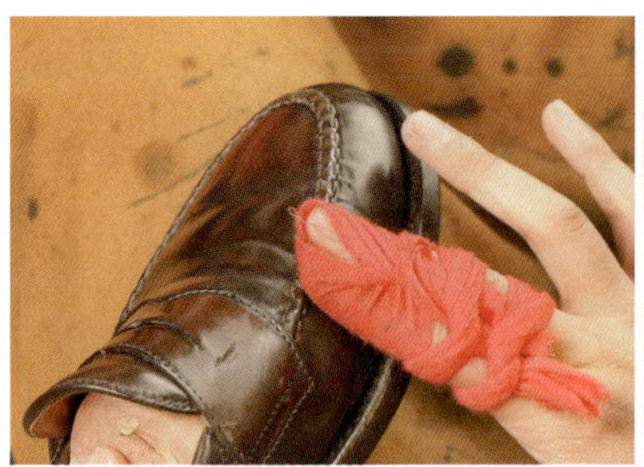
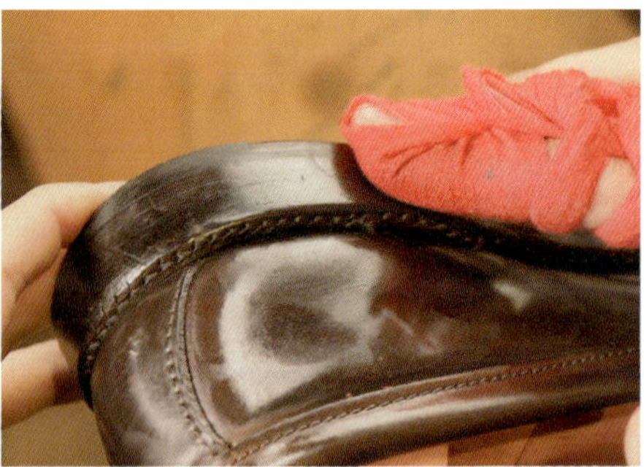

04 全体を手早く布で磨いていきます。この時、コバも磨いておきます

05 山羊毛ブラシを用意し、毛先に水を含ませます。指先に5滴ほど水を取り、ブラシの先端を撫でることで湿らせます

06 甲のシワにのった余分な油分やワックスは、歩くと白く浮き出てしまうので、山羊毛ブラシを使って、削ぎ落とすようにブラッシングします

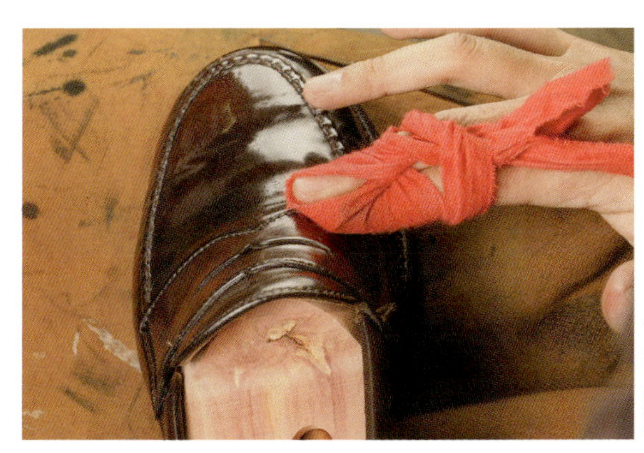

仕上げに再度、磨き用の布で
全体を水研ぎして仕上げます

07

08 以上で完成です。革のダイヤモンドという表現がピッタリの深い艶が生まれました。使い込むごとに生まれる、左右の微妙な色合いの違いもまた、コードバンの特徴です

RECOVERY

磨いた後のリカバリー術

せっかく磨いたのに擦れて曇ってしまった! でも場合によっては手軽にリカバリーできることも。ここでは2通りのリカバリー方法を紹介します。

スレ程度なら簡単に直せる!

ワックスを掛けてピカピカに仕上がった靴。出かけた先で自慢のつま先を見てみると、どこかで擦ってしまったのか、白い筋のようなスレ傷が付いている…。そんなことは決して珍しいことではありません。こうなると100時間ケアの手順で磨き直ししなければ輝きが戻らないと思いがちですが、ちょっとまって。磨いてからそれほど時間が経っていない、ワックスが固まりきっていない場合なら、ワックスの表面のみをケアすることで、元の輝く状態にすることができます。

方法は2つあり、1つは磨き用の布1つあればできるので、外出先でも実施することができます。もう1つはブラシを使ったもので、前者が小さなスレキズに対応したものなのに対し、より広く傷が目立つ時に使え、外出前後の自宅で実施するのに向いています。また100時間ごとのケアの間にすることで、輝きをより長く保つことができるのでお勧めです。

前述した通り、これらはワックスが固まりきる前にできる技で、固まりきった状態には不向きですが、固いワックスはスレ傷に留まらず割れてしまうので、しっかりワックス全体を落としてからの再磨きが必要になってきます。

①外出先でのリカバリー方法

まずは外出先でお勧めのリカバリー方法を紹介します。必要な物は、磨き用のネル生地と水の2つだけ。もちろん水はどこでも調達できるので、荷物としては実質ハンカチが1枚増える程度と負担にはなりません。時間も1分程度あれば充分なので、気がついたらさっと実践してみましょう。

モデルとして使うのはこちらの靴。つま先に擦れによる縦方向の白い筋ができています。薄いスレ傷ですが、地が黒いだけに意外と目立ってしまいます

01 傷のある部分に2滴水をのせます

02 生地を指に巻き、少し力を入れて磨きワックスを動かせば、傷は消えます

自宅でのリカバリー方法

出かける前や、帰宅後に傷が見つかった場合、つま先の小さなところだけでなく、全体として傷が見られた場合は、ブラシを使っての対処をします。ワックスで磨いた直後のようにピカピカにはなりませんが、充分キレイな状態にすることができます。使うブラシはワックスを塗る時に使った山羊毛がベスト。柔らかく、毛先に残ったワックスが、傷を消すのに効果を発揮してくれます。

01 靴の前後方向にスレ傷が見られます。こちらを直していきます

02 指先に水を取り、それを山羊毛ブラシに付けて毛先を湿らせます

03 傷の部分を優しくブラッシングします

CLEANING OF HIGH-SHINE

鏡面磨きの落とし方

ピカピカに仕上げた鏡面磨きは、構造上長持ちしづらく、また保革を考えると時には落としてあげる必要があります。その手順を解説しましょう。

輝く膜は落とすのも大変

ワックスを何層にも塗り重ねて生み出す鏡面磨き。ワックスが厚く、固いほど光り輝くと言えます。硬いワックスの層は、衝撃をうけると割れやすい欠点があり、またワックスの層が長時間付いたままだと、革が乾燥してしまいます。

そのため割れていなくても定期的に鏡面磨き状態を解除する必要がありますが、通常のクリーナーでは非常に手間がかかります。鏡面磨き（ハイシャイン）を落とす専用のクリーナーの使用をお勧めします。

鏡面磨きを落とす手順

01 コロンブス、ブートブラック・ハイシャインクリーナーを使います。アーティストパレットのナチュラルで代用可能

汚れ落とし用の布を指に巻いき、その指先にハイシャインクリーナーをコーヒー豆約1粒分取ります

02

03 ワックスで磨く時と同じ要領で、鏡面磨きをした部分にクリーナーを塗布し、円を描くように落としていきます

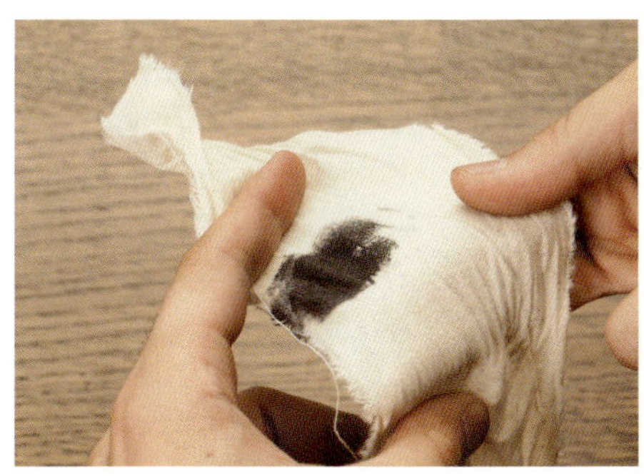

04 ワックスが付くとそれ以上拭き取れなくなるので、布の位置をずらし、クリーナーを取ってはワックスを拭き取るを繰り返します。ワックスが落ちる程に手応えがザラザラしてきます

革に光沢感が無くなったらツーフェイスローションでハイシャインクリーナーごと落とし切ります。マットな質感になれば完了です

05

ADVANCED SHOECARE

上級者向けのケアと磨き

ここからは実施に少し技術と経験が必要な、上級者向けのケアと磨きを解説します。難しいと思ったら、素直にプロに頼むのも賢明な選択です。

シューケアに慣れてきたらチャレンジしよう

状態の良いスムースレザーで黒い靴のアッパー部分を磨く。もっともありふれた条件で、この状態において靴磨きをしていけば、そうそうトラブルが起こることはありません。とはいえ、全くの初心者は右も左も分からず、戸惑いながらのスタートとなるはず。しかし経験を積んでいけば、作業時の手応えや状態の変化を通じて勘所が徐々に分かり、腕前は上がっていくことでしょう。

ただ靴のケアには、アッパーを磨くだけ、黒い靴をいつもどおりに仕上げるだけでは無い部分もあります。

そこでこのコーナーでは、履き続けていく上で避けて通れないコバのケアや、茶系に代表される薄い色の靴ならではのアンティーク磨きの手順を解説します。

コバのケアは、アッパーと手順が大きく異なり、下手をすると状態をより悪化させる可能性があるので、より慎重な作業が求められます。

アンティーク磨きは装飾の意味合いが大きいですが、クリーム等の色合せが難しい特徴がある故に、傷の補修時に施工を求められる側面もあるので、靴を愛好していくなら覚えておきたいテクニックです。

コバ&レザーソールのケア

ソールの側面部分をコバと呼びますが、コバは地面との最前線であり、履き続けていくと傷や色剥げ、変形が起こってきます。それを放置してしまうと、せっかくアッパーをキレイに仕上げても台無しなので、100時間ごとのケア10回に1回のスパンで実施したいものです。ここでは合わせて、より気軽に実施できるソールのケアについても解説します。

使用することで、色が部分的に剥げ、表面が凸凹した状態で、ケアが必要です

CHECK

ソールの状態も確認しておこう

ソールは穴が空いたら交換が一般的ですが、一番減るソール中央を押すことで状態確認ができます。押してそこだけ凹むようなら寿命間近。オールソール交換を検討しましょう

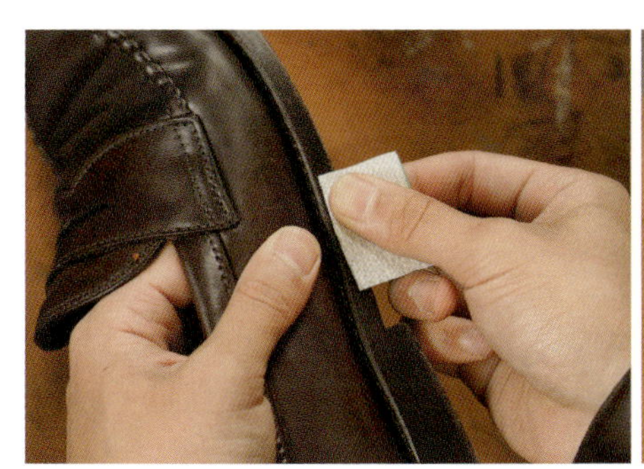

01 ＃150番手の紙やすりで、コバを平らに均します。コバ用の染料（コバインク）は前回塗った分が残っていると悪さをするので、確実に落とし、指でなぞってツルッとするまで作業します

02 削りカスがすき間に貯まるので、馬毛ブラシでブラッシングして取り除きます。これを左右とも実施しておきます

POINT

コバ用のインクは付け過ぎないように注意

コバ用の染料は、キャップにブラシが付いているのが一般的です。引き出したそのままで使うと染料が付き過ぎで、乾きづらくなるので、ビンの淵でしっかり落としてから使いましょう

元のコバの色に近いコバ用染料（色数の多い靴クリームでも代用できますが、色が薄くなります）を塗っていきます。目立ちにくい内側のかかとで色がマッチしているか確認します

03

04 アッパーに付かないよう気をつけながら、１回ですべてのコバに染料を塗ります。もしワックスや前回のコバ用染料が残っていると、染料の乗りが悪くなります。また塗り過ぎると、表面がポッテリしてしまうので少なめに塗り、足りないようなら追加するようにします

CHECK

乾燥時間は長いので その間に逆側を作業

コバに塗った染料は触っても指に付かなくなるまで乾かします。乾燥時間が長いので、その間にソールや逆側の靴の作業をしましょう

コバの染料が乾くまで時間がかかるので、先にソールのケアをします。汚れをブラッシングで落とし、ソール用のクリーム（ここではコロンブス、ブートブラック・レザーソールコンディショナーを使用）を、ソールに2滴出します

05

06 クリームをブラシでソール全体に塗り広げます

POINT

**防水効果を求めて
ステッチにもクリームを**

ソール用のクリームには防水効果もあります。革底はステッチ部分から浸水する場合があるので、そこにもクリームを塗っておくと効果的です

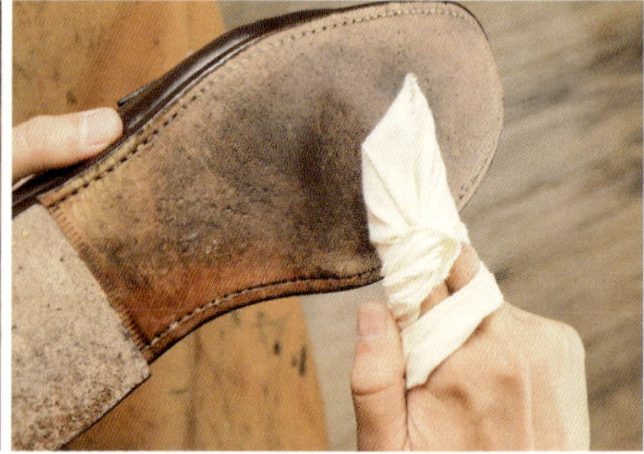

07 全体の色が濃くなるまでクリームを塗ったら、乾く前に布で余分を拭き取ります。元の色合いになるまで乾かしたらソールのケアは完了です

染料が乾き、ケアが終了したコバです。表面の形が整い、色も均一になり、アッパーを引き立てています

08

糸のほつれの対処

王道の靴のケアとは少し毛色が違いますが、対処しておきたいものとして遭遇する確率が低くないのが、革を縫製している糸のほつれです。放っておくとほつれが拡大し、靴の各部品が外れてしまうような最悪の事態に発展することも。

できるだけ早く対処すべきで、その方法はそれほど難しくありませんが、失敗するとダメージが大きいので注意は欠かせません。

アッパーのほつれてしまった糸を対処します

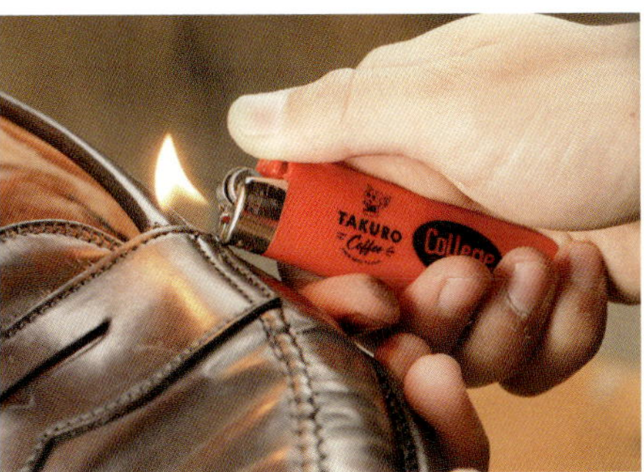

01 ハサミで数ミリ残す程度にカットしたら、糸をライターで炙ります。すると糸が熔けて縮んで丸くなり、これ以上ほつれなくなります。炙りすぎて革を傷めないよう注意しましょう

アンティーク磨き

アンティーク磨きとは、主に茶系等の薄い色の靴において、部分的に色が濃くなるようにすることで、年月を経たアンティーク風の見た目にする磨き方です。靴に一味違った個性を付け加える手段である一方、傷を補修する際、補修箇所がどうしても色が濃くなってしまいがちな薄い色の靴において、それを上手くごまかす手段でもあります。実施は難しい部分もありますが、チャレンジしてみましょう。

つま先をアンティーク磨きで仕上げたス、コッチグレインの靴です。色のグラデーションに気を使うことで、自然な仕上がりにすることができます

100時間ごとのお手入れ同様、汚れと古いクリームを落とした状態から作業を始めます。現状は全体的に同じ色合いになっています

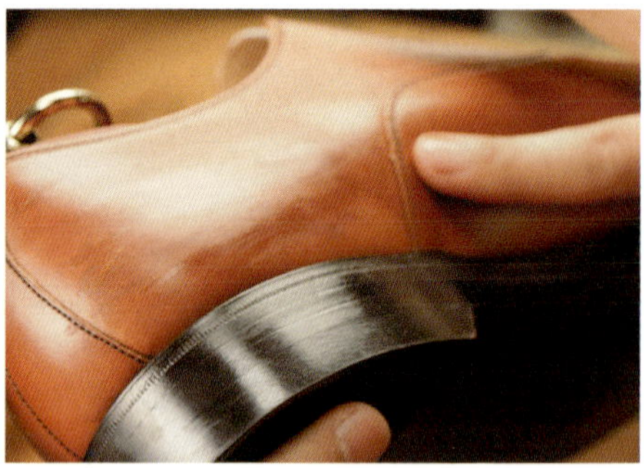

01 靴と同色かより薄い色のクリーム（ここではアーティストパレットのコニャック）を全体に塗ります。ムラになりやすいので、クリームの塗布とその後のブラッシングは手早く実行します

色を濃くする爪先部分にのみ、靴より濃い色のクリーム（ブートブラック・コレクションズシュークリーム（染料ベース）のチェスナット）をタブレットをスクロールさせる力加減で塗り、クリームを弾き飛ばすイメージでブラッシングします。強すぎるとクリームが剥がれるので力加減には注意します

02

03 クリームを塗り重ねるごとに色が濃くなっていきます。先端から手前にかけてグラデーションになるよう、意識して塗っていきます

04 好みの色になったら、靴より濃い目のワックス（ブートブラックのモルトブラウンを使用）を、スマホをスクロールさせる力加減で指先に少量取ります

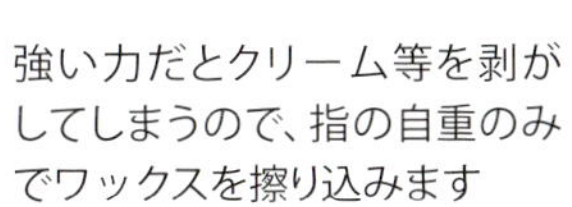

強い力だとクリーム等を剥がしてしまうので、指の自重のみでワックスを擦り込みます

05

通常のお手入れ同様、水を使いつつ布で磨きます。ワックスを付けて磨く作業を、好みの艶が出るまで繰り返します

06

超上級者ワンポイント 佐藤我久流パレットシャイン

07 そのままでは色の境目が気になるので、04〜06で使ったワックスより薄い色のアーティストパレットを境目周辺にのみに米粒１粒力を入れずに薄く塗り水をからめて磨きます

水研ぎをして仕上げれば、つま先先端の濃い色から滑らかなグラデーションを見せる、自然なアンティーク磨きができます

08

ビギナーでも安心!

トラブルへの対処

水に濡れたことによるシミやクレーター、カビの発生等、革靴を愛用していく中で、遭遇しやすいトラブルの対処法を紹介します。初心者でも取り組みやすいですが、程度がひどかったり、手に負えないと感じたらプロに依頼しましょう。

CARE WHEN WET

水に濡れた時のケア

予想外の雨に降られて、靴が濡れてしまうことは珍しいことではありません。そんな時の対処法を解説します。確実に実施できるかで状態が左右します。

水分の除去と保湿が重要

革=濡らすのは厳禁というイメージを持つ人は多いでしょう。確かに濡らしてしまうことは良いことではありませんが、ちょっとでも濡れてしまったらおしまい、というほど重大な事態ではありません。実際、汚れを落とすための手法として、水洗いをメニューに加えているプロも数多くいますし、水洗い用の石鹸も販売されています。

革を濡らしてしまうことがはばかられるのは、その後の乾燥対策を怠ると、固くなりひび割れてしまうことがあるからです。

革靴においてもそれは変わらず、基本はしっかりと水分を取り除いた上で、保湿をしてあげることが大切です。雨に降られるということは、単に革が水を含んでしまうということではなく、そのことにより革から油分が失われ、乾く過程で元から含まれていた水分まで失うことになります。

適切な方法で乾かしたら、充分に保湿をした上で、100時間ケアと同等のケアをしてあげることで、雨に降られる前と同等の状態に戻すことができます。

01 まずは靴表面の水を布で拭き取ります。ワックスを掛けた直後であれば、写真左のように雨をしっかり弾くことができます

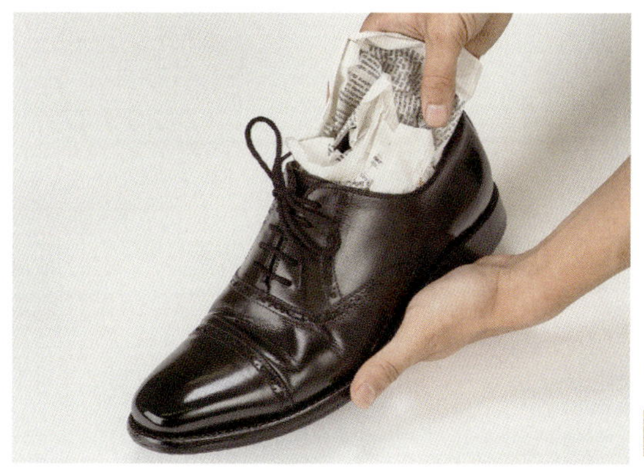

次に内部の水気を取るために新聞紙を入れます。固く丸めると水を吸いにくいので、ふわっと丸めて入れ、水を含んだらすぐ交換します。これを、紙が水を含まなくなるまで繰り返します。横着して新聞紙を交換しないと、カビが生えてしまいます

新聞紙での水気の除去が終わったら、底からも水気を出すために、写真のように壁に立て掛けて乾燥させます

03

完全に乾いたら、新品の靴の場合と同様、保湿クリームを用いてしっかり保湿した後、靴クリーム等を用いた通常の磨きを行なえば終了です

REPAIR OF CRATERS AND SPOTS

クレーター・雨シミの補修

靴が濡れてしまった時に起こる関連トラブルが、シミとクレーターと呼ばれる小さく丸い凹凸です。これらは似た要領で対処することが可能です。

水濡れが原因となるトラブル

水に濡れた結果、色が均一でなくなる、表面が凸凹してしまう。現象としてはかなり違うように思えるシミとクレーターという2つのトラブルですが、原因が同じなだけに、対処法も方向性はほぼ同じです。

シミは濡れた部分の色が濃くなる現象で、その性質上、薄い色のスムースレザーの靴で見られるトラブルです。見た目が悪くなるだけに起こってしまったら気落ちするでしょうが、個人でも対処することは可能です。

一方クレーターは、表面に小さな盛り上がりができてしまうもので、スムースレザーの靴なら色を問わず発生するトラブルと言えます。こちらも水に濡れてしまったことが原因で、濡れてから乾くまでの過程で、革が変形してしまうことで起こります。表面が凸凹していると艶のある状態に磨けないので、きちんと対処してあげたいところ。こちらも一見すると対処が大変ですが、手順をしっかり守れば、一般ユーザーでも充分対処できます。ただ難しい部分もあり、失敗の可能性もあるので不安に感じたら、プロに依頼しましょう。

クレーターの補修

クレーターの直し方を実践していきます

モデルとしたのはこちらの茶色の靴。トゥーの上側、デザイン的な切れ込みのすぐ下の部分にクレーターができています。こちらの状態では目立ちにくいですが、ケアをして磨き上げていくとなると、このままの状態では満足のいく状態に仕上げていくのは難しいと言えます。対処は大変に思えるかもしれませんが、手順はシンプルなので挑戦してみましょう。

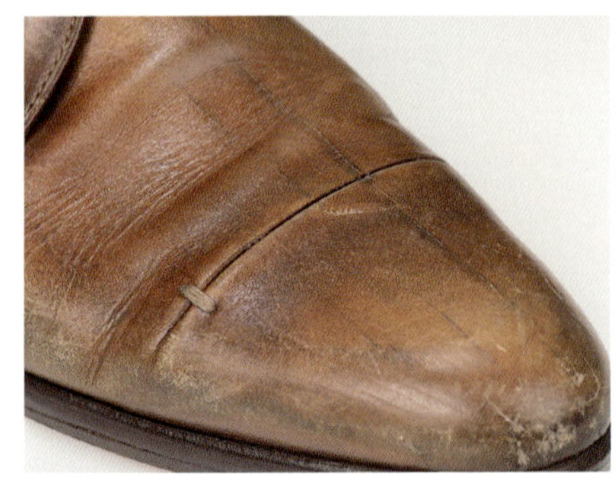

クレーターは月のそれとは違い、丸い窪みというより、丸い膨らみがいくつもできることで、凹凸となってしまう現象といえます

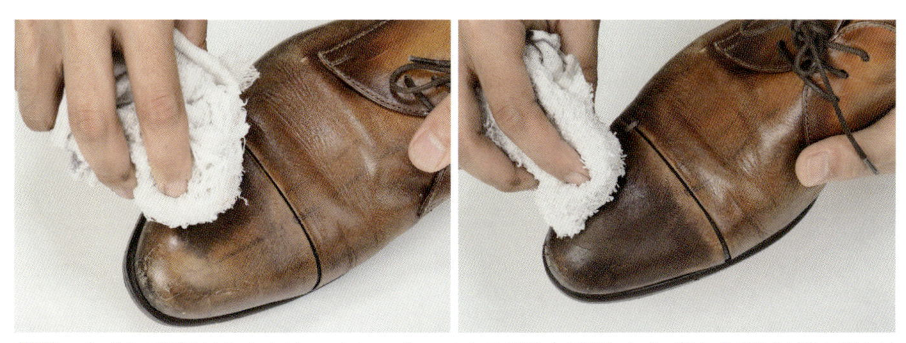

01 まず水で湿らせた布を使い、クレーターのある部分を濡らします。濡らす範囲は革の重なりの境目までといったように、クレーター部を含んだパーツ単位にします

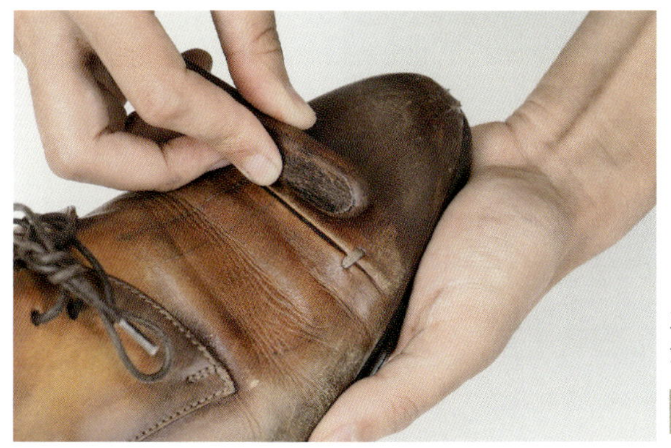

丸い棒で、凸凹した部分を押し潰して平らにします

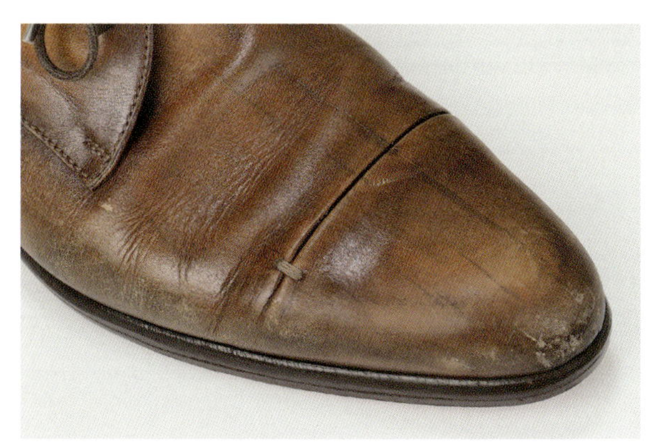

一度乾燥させ、残っているようなら上記手順を繰り返します

クレーターが無くなったら、乾燥過程で失われた水分を補うため保湿クリームを塗り、保湿しておきます

04

さらに補色・保革効果の高い靴クリームを使い、靴を磨けば作業完了です

05

雨シミの補修

雨シミも再度濡らすことで対処します

濡れたことによるシミは、水の濡れ方や乾き具合に差が出ることによって生まれると言えます。そのため、対処としては一見矛盾しているかもしれませんが、濡らしなおすことで直していきます。シミを消すこと事態は難しくありませんが、それにより必要な水分や油分が失われてしまう（トラブルが起きた時点で多少失われていますが）ので、その後の保湿ケアが重要になってきます。

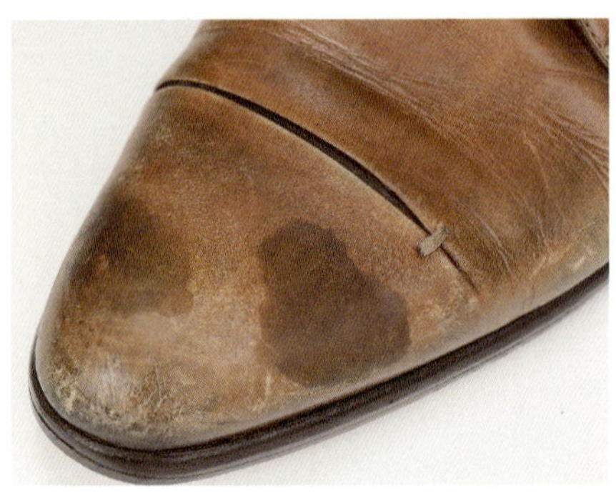

水に濡れたことにより、このような色ムラができてしまうのが雨シミです。自宅にある物で対処することもできますが、シミがひどい場合はプロへお願いしましょう

水に濡らしたティッシュを被せ、シミを含むパーツ全体をしめらせます。このままティッシュが乾くのを待ちます

01

乾いたティッシュを取り除けば、このように雨シミが消えます。この後、靴を完全に乾かします

02

雨に降られ雨シミができた段階でかなり乾燥しているので、保湿クリームで保湿した後、靴クリームを塗り仕上げます

03

REMOVAL OF MOLD

カビが生えた時の対処法

久しぶりに履こうと思って靴を出したらカビが…。表面的に落としても再発しやすいカビを確実に落とす手順を解説していきます。

カビの原因は様々

靴を始めとした革製品にとって、カビはそう珍しくないトラブルです。カビは胞子によって増えますが、目に見えてあちこちにカビがあるといった環境ではないのに、カビが生えてしまうことはよくあります。

まず気を付けたいのは換気で、購入時の箱に入れっぱなしというように、換気が悪い状態での保管はカビを生んでしまいます。また革に栄養を与えようと不適切に靴クリームを塗ることで、カビが生えてしまうことがあります。適切な保管環境とケアは、靴の状態を保つだけでなく、カビを防ぐのにも効果的です。

もちろん、雨に濡れてしまった場合、適切な対処をしないとカビの原因となるので、80ページを参考にケアをしてあげましょう。

カビは靴の表面にあるものを取り除いただけでは根が残っているため、また生えてきてしまいます。そこで専用の薬剤を使って根を取り除くことが大切です。ただここで対処できるのは根の浅い、見た目が白いカビまで。黒いカビは根が深く、紹介する方法では根治が難しいので、プロに相談しましょう。

カビを取り除く

カビ取りの作業を解説していきます

カビを取り除く手順自体はそれほど難しくありませんが、その前に意識してほしいのが作業環境です。上記したようにカビは胞子で増えるのですが、その胞子は飛び散りやすい上に目には見えません。不用意にカビ取り作業をしてしまうと、大量の胞子を周囲に撒き散らし他のカビの原因にもなります。また胞子を吸い込むと健康にも悪いので、風通しの良い場所で、周囲や体を守る対策をした上で作業を進めていくことが大切です。

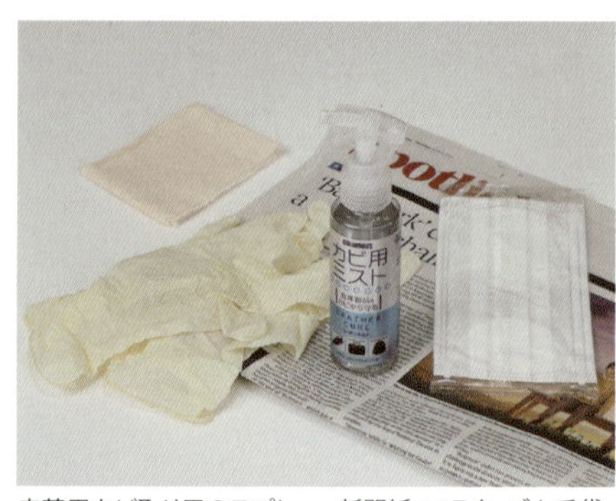

皮革用カビ取り用のスプレー、新聞紙、マスク、ゴム手袋、作業用の布（汚れ落とし用と同様の柔らかいもの）を用意します

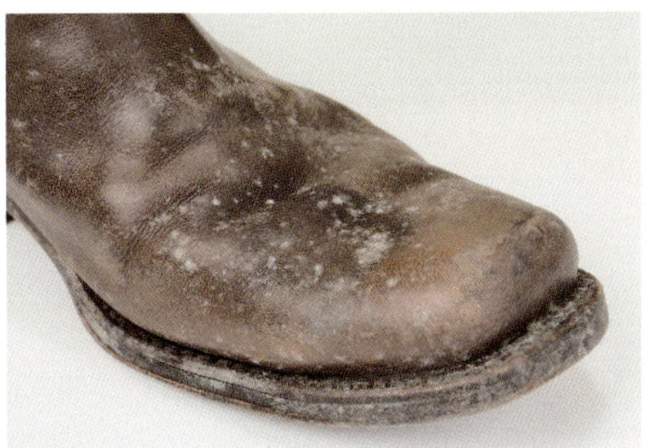

01 モデルとなるのはこちらのジョッパーブーツ。久しぶりに下駄箱から出してみると、一面に白いカビが。この状態からカビを落としていきます

マスクとゴム手袋をして体を防護したら、床に新聞紙を広げた上で作業をしていきます

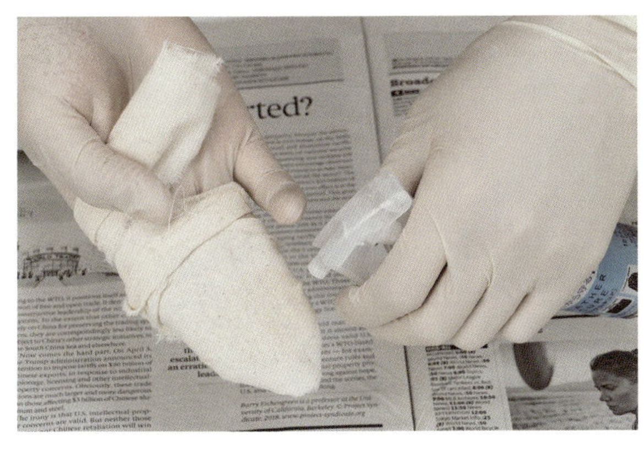

靴磨きと同様に布を指に巻き、皮革用のカビ取りスプレーを２～３プッシュ吹き付けます。革に直接吹くのは、胞子を撒き散らすことになるのでNGです

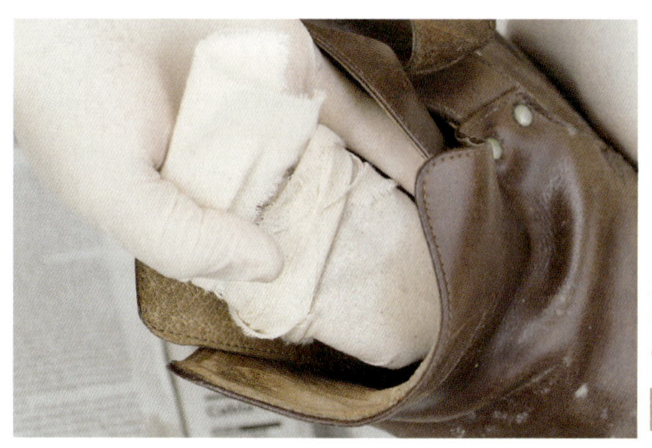

カビが生えていなくとも胞子がいる可能性があるので、まず靴の内側から拭き取ります

04

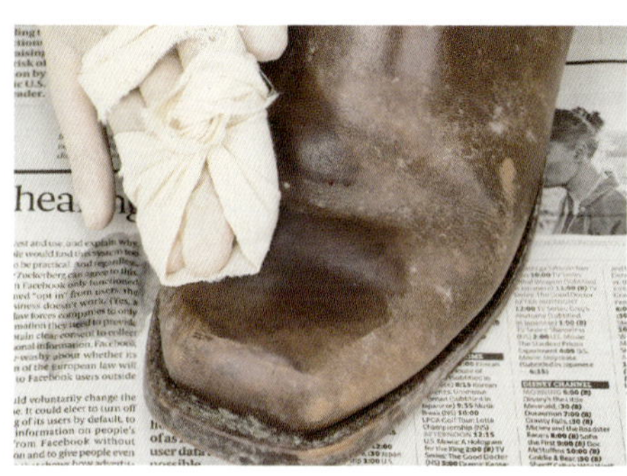

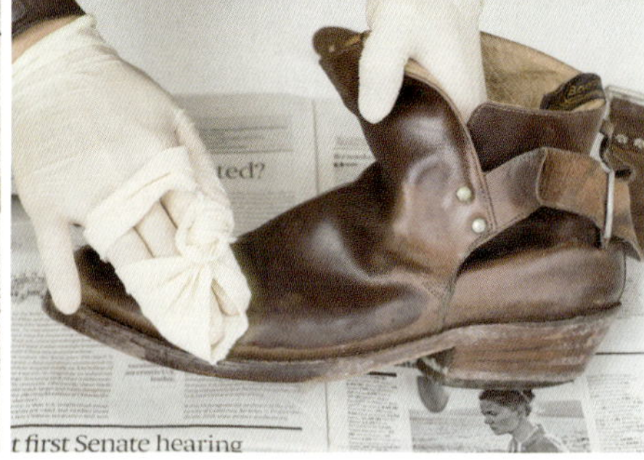

05 続いて靴のアッパー部分のカビを拭き取ります。優しく拭き取るだけで、カビを取り除くことができます。カビが見えるところだけでなく、全体を拭きましょう

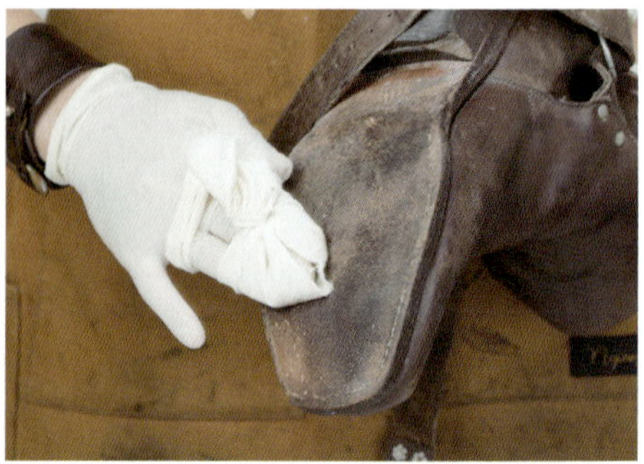

06 レザーソールなら、ソールも同じようにして拭き取ります

07 目に見えるカビをすべて取り除いたら、靴に直接カビ取りスプレーを吹き付け、全体を湿らせます

08 ソールからも水気を出すため、風通しの良い場所でこのように立て掛けながら乾かします

POINT

使った道具は密閉して処分

新聞紙、マスク、手袋、布にはカビの胞子が付いているので、まとめて袋に入れ密閉して処分しないとカビの原因になります

乾いた状態がこちら。カビが無くなり大分見られる状態になりましたが、更にカビ対策をしていきます

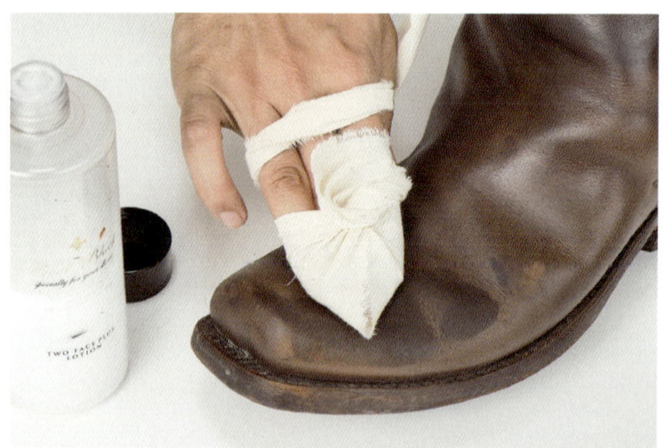

靴の汚れを落とします。コロンブスのツーフェイスプラスローションは防カビ効果もあるので最適と言えます

10

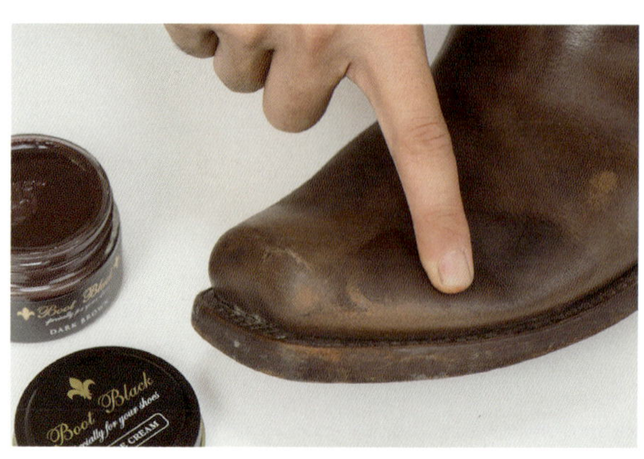

靴クリームを塗り保湿と磨きをしていきます。ブートブラック・シュークリームにも防カビ成分が入っているので、必須の作業です。余分なクリームはカビ再発の原因にもなるので、しっかり拭き取ります

11

ソールにも専用のクリームを塗り保湿をします。このブートブラック・ソールコンディショナーにも防カビ効果があります。保湿と栄養付加だけ考えるとミンククリームを塗りたくなりますが、こちらはカビの原因になるので控えましょう

12

13 ワックスを掛けて仕上げたのがこちら。きちんとしたケアをすることで、カビでボロボロに見えていた靴もここまで蘇ります

REPAIRING SMALL SCRATCHES

小さな傷の補修

ワックス層ではなく、革の表面に付いてしまった傷。それも小さな物なら個人でも補修は可能です。ここではその手順を解説していきます。

大きな傷は迷わずプロへ

大切にしていたとしても、靴は実用品だけに使っていると何かにぶつけたりして傷つけてしまうことがあります。傷がワックス層で留まっていれば磨き直しするだけでOKですが、革の表面となると、そうはいきません。

市場には、靴に付いた傷を直すための製品も販売されていますが、我久さんによると、その扱いは難易度が高く、一般の人にはお勧めできないとのこと。そこでこのコーナーでは、専用の道具を使わず対処できる、小さな傷の補修方法を紹介していきます。

この方法は、厳密に言えば傷を目立たなくするものなのですが、必要とされる技術レベルは高くなく、失敗のリスクもほとんど無いので、どなたにでもお勧めできます。ただ薄い色の靴の場合、色ムラができやすいので、アンティーク磨きと併用するのが良いでしょう。

一方、完全に直したい、大きな傷ができてしまったという場合は、迷わずプロに依頼するのがベストです。DIY精神も大切ですが、気に入った靴を長持ちさせたいなら、時にプロに頼るのも有効な選択肢なのです。

傷を消す手順

具体的な作業手順を説明していきます

ここではつま先に小さな傷ができてしまった黒のスムースレザーの靴を題材に作業をしていきます。おおまかな手順としては、傷によって凹んだ部分にワックスを塗りこむことで、他と高さを合わせた後で、磨き直すというもの。ただ、磨きの手順は通常と同じというわけではなく、傷というダメージを受けた状態を意識する必要があります。また薄い色の靴の場合、無色のクリームを使っても傷の部分が元の色より濃くなります。そのためアンティーク磨きの併用が推奨されています。

何かにぶつけたのか、つま先の先端部分に縦方向の傷がついています。こちらを補修していきます

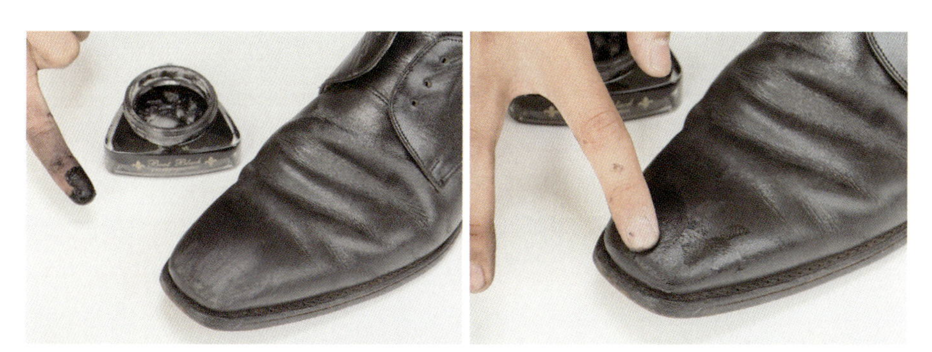

01 通常の手順で汚れを落としたら、傷の部分にクリームを塗ります。傷ができた所は色が薄くなっていることが多いので、多めに擦り込みます。スレ傷程度ならこれでキレイになります

豚毛ブラシを使い、クリームをブラッシングします

02

POINT

傷を消すには固めのワックスを

ここからはワックスを使いますが、傷を埋める効果がより期待できるので、乾燥させ固くしたワックス（磨き用より固め）を用意しましょう

03 磨く時よりも気持ち多めにワックスを取り、傷を埋めるイメージで塗っていきます。一度で埋まらない場合は、ワックスを取る→塗るを繰り返します

傷を埋めることができたら、指先で表面を優しくなでるようにして（力を入れるとワックスが剥がれてしまう。また布を使わないのも同様の理由）、つま先全体にワックスを伸ばします。この段階で傷が消えないようならプロに依頼しましょう

数分したら（玄関の場合。野外は暑くワックスが柔らかくなりすぎるのでNG）、柔らかい山羊毛ブラシかストッキングで、表面の曇りが無くなるまで磨きます。ブラシの場合、毛先のみを使いますが、いずれにしても優しく作業することが大切です

06 完成です。通常の磨きとは違い、ワックスを磨く時に水を使いません。これは傷の部分が水を吸いやすく、せっかく消した傷がまた出てくることがあるからです

お手入れの度に同様の作業が必要

以上で傷を消す工程は終了です。もし鏡面磨きにしたい場合は、水の浸透を防ぐためワックスが完全に乾いてから作業しましょう。

ただ手順を見れば分かるように、使用しているのは通常の靴クリームとワックスのみなので、100時間ケアのようにクリーナーを使って汚れ落としをすると、元通りの状態に戻ってしまいます。

もちろん再度傷消しをすれば良いのですが、面倒だなと思ったなら、小さな傷でもプロに依頼して根本的な対処をしてもらうことをお勧めします。

不要な靴で技術を磨くのも手ですが、このサンプル程度の傷であっても、プロの手を持ってしても数十分は補修に必要とのことなので、効率を考えると最初からスペシャリストに頼るのが懸命でしょう。傷を付けないよう気をつけるのは、言うまでもありませんが。

Shoe Repair to Ask Professionals

プロに依頼する靴修理

適切なお手入れをしても、長年使うにはプロによる修理が必須。ここでは我久さんがプロの目線からお勧めする代表的な修理について解説します。

履き続けるには修理は必須

本革製でグッドイヤーウェルテッド製法で作られた革靴は、適切なお手入れをすれば10年使うことができます。

ただどんなに丁寧に扱い、お手入れを欠かさなかったとしても、使い続けることで傷み、使用に耐えない状態になる部分が出てきます。代表的なのは底で、使えば使うほどに磨り減り、最終的には穴が空いてしまいます。本書でグッドイヤーウェルテッド製法であることを靴の選択条件の1つに挙げたのは、これに対処できる=底の張替えが可能だからです。

この底の交換はもちろん専門の業者に依頼すべきことで、ソール交換と呼びます。一般的にかかと部分を含めてすべて交換することをオールソール交換と言います。レザーソールであれば同じくレザーで張り替えることもできれば、ラバーソールにしたり、レザーソールをベースに土踏まずより前に薄いハーフラバーを貼ることも可能です。

靴の内部等、思ったよりも様々な修理をすることができるので、諦める前にまずプロに相談することをお勧めします。

ビンテージスチールの取り付け

一口にソールの摩耗と言っても場所により進行具合は違い、つま先とかかとの両先端部分とソール中央がもっとも早いと言えます。ビンテージスチールは、トゥースチールとも呼ばれ、つま先に金属プレートを付け、摩耗に対処する方法です。ある程度使ってからはもちろん、新品時に付けることも可能。効果は大きく、見た目の良さもある人気メニューなので、靴の購入時には取り付けをお勧めします。

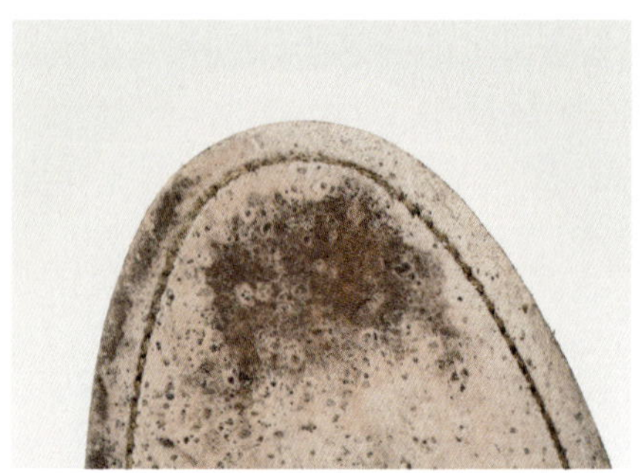

表面が一皮削れた程度で、まだまだ新品の雰囲気を残すこのレザーソールに、つま先保護用のビンテージスチールを取り付けます

こちらがGAKUPLUSにおける新品靴の補強で人気No1のROYALスチールの取り付け後。真鍮のようなこのスチールをそのまま取り付けたのでは段差ができてしまうので、スチールの厚み分ソールを削ってからビスで固定しています

オールソール交換

ある程度の摩耗は、ハーフラバーを貼るといった対処がありますが、穴が空いてしまうほど磨り減ったら、底をまるごと交換するオールソール交換となります。かかと部分も交換となるので、底のみ見れば新品同様になりますが、費用もそれなりにかかってしまいます。

磨き方の説明でも使用した我久さんのオールデンのローファー。まだまだ使える状態ですが、オールソール交換します

まっさらなソールに生まれ変わりました。古いソールは横に広がっていたため、新しく正しい形のソールに交換したことで、アッパー全体の形も矯正され、凛々しい姿を取り戻しています。使用したのはGAKUPLUSオーダーシューズにも使われている欧州産。国内ではほとんど流通しておらず、履き心地や摩耗性に優れています。ソールの素材も履き心地を大きく左右するので、交換時はショップでプロに相談しよう

セメンテッド製法での底の修理

長く履くならグッドイヤーウェルテッド製法の靴を、と前述しましたが、セメンテッド製法の靴が全く修理できないという訳ではありません。グッドイヤーウェルテッド製法の靴のように、ソールをまっさらにすることまではできませんが、部分的な補修により、寿命をある程度伸ばすことは可能です。お気に入りの靴があったら、諦めず相談してみましょう。

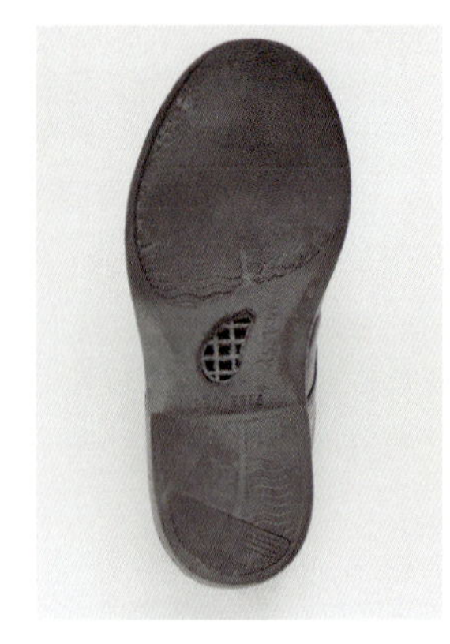

セメンテッド製法で作られたラバーソール の靴。全体的に摩耗しています

かかとの端は斜めに削れ、表面のラバーは部分的に薄皮一枚を残す状態になっています

こちらが修理後の写真。摩耗した部分を取り除き、柔らかく滑りづらいクレープ素材を取り付けています。機能面は充分回復し、また働いてくれることでしょう

滑り革の修理

靴の内側、かかとに接する部分には、滑り革が取り付けられています。脱ぎ履きの際、足や靴べらと強く接する部分なので、履き続けていくと傷んでしまいます。縫製された靴内部の部品だけに傷んだらおしまいと思いがちですが、これも修理が可能です。滑り革が傷んでしまうと見た目に悪いのはもちろん、履く時に支障が出てきます。また放置すると周囲にも悪影響が出るので、ためらわず修理しましょう。

長年の使用で、表面が傷んでしまった滑り革。状態を復活させるお手入れ方法はないので、プロに直してもらいましょう

修理が終わった状態がこちら。元からそうであったかのように、自然に仕上がっています

リカラー（染め替え）

昔は気に入っていたけど、今は違う色が好みになった。使っているうちに色ムラができてしまった、といった時にお勧めしたいのがリカラーです。これは靴のアッパー部分を染め直す加工で、大きく靴の印象を変えることができます。黒から薄い色へ変えることはできませんが、茶系等、薄い色の靴をお持ちだったら、覚えておいて損はありません。

モデルとして、この茶色の靴をリカラーしましょう

色が黒になるだけで、グッとシックな印象に生まれ変わりました。費用はそれなりにかかりますが、１足で２足分靴を楽しめます

SPECIAL THANKS

靴磨きSTAND GAKUPLUS
愛知県名古屋市中村区名駅4-16-24　名駅前東海ビル207B
Tel. 052-561-2410　URL https://www.gakuplus.net/
営業時間　平日 11:00〜19:30 土曜 11:00〜19:00
定休日　日祝日（土曜祝日の場合は営業）

靴磨きをLIVEとして楽しめるショップ

シャーロックホームズの部屋をイメージした店内。バーカウンターは1920年に英国のパブで使用されていた物
写真提供（P100）＝GAKUPLUS専属カメラマン 川村将貴

本誌の監修を務めていただいた佐藤我久さんが代表を務めるのが、靴磨きSTAND GAKUPLUSです。名古屋駅近くのビルに店舗を構え、高い技術で靴を美しく磨きあげてくれるだけでなく、各種の靴の修理やオーダーメイドシューズ、ケアグッズの販売も行なっています。特にケアグッズは、全国でも限られたショップでしか扱えない、コロンブスのアーティストパレットも在庫しています。シューケアの教室も開催するなど、靴磨き文化の発展にも寄与しています。靴磨きは、要予約ながら目の前でフルメンテナンスを実施してくれる靴磨きLIVEならシューズで4,000円。預かり三日目以降仕上がりでは同3,000円となります。工房には我久さん、河村さんの他、靴修理職人、日々修行を重ねる育成靴磨き職人、我久さんが路上靴磨きをしていた時からの専属カメラマンにデザイナーと幅広く在籍。お客様だけでなくファンも大切にする姿勢で多くの人を惹きつけています。

佐藤我久

靴磨きSTAND GAKUPLUS代表。高い技術で多数の靴を磨き上げる。靴磨きのすばらしさを伝えるため、各種メディア、イベントに出演している

河村真菜

主に靴磨き教室&オーダーシューズを担当。名古屋初の美しすぎる女性靴磨き職人として、数々のメディアに登場。全国の百貨店等にてワークショップも開催

自分の足に合った靴を手に入れるにはオーダーメイドが一番ですが、値段がネックに。そんな問題を解決してくれるリーズナブルなオーダーメイドシューズを提供しています。我久さんのこだわりがつまったデザイン、革の種類とも60種類以上から選べ価格は42,000円～となります

GAKUPLUSではシューズだけでなくオリジナルのベルトも取り扱っており、ベルト部分のデザインや色、バックルのデザインが選べます。革はすべてオーダーシューズ同様の物を使用しています。15,000円～（シューズセット13,500円～）

年月が経つと加水分解により底が剥がれてしまうスニーカー。そんなスニーカーをウェルトを追加し修理可能にした名古屋発祥のリロードシューズ（25,000円～）の代理店も務めています

ブートブラック製品を中心に、我久さんのお眼鏡にかなったシューケアグッズを販売しています。これらは同店のネットショップでも入手可能なので、気になったならぜひチェックしてみましょう。

SUPERVISOR AFTERWORD

初めての靴磨きは13歳の秋だった。その頃僕は成長期で、上靴から外靴、野球の靴など毎年何足もの靴が履けなくなっていた。さらに僕の足は故障しやすく、野球のスパイク選びに苦労し、両親に申し訳ない気持ちになったのを覚えている。毎日泥だらけになるスパイクを、誰よりも綺麗で履き易くしたかった。下駄箱にあった、親父のコロンブス製靴クリームとKIWIの丸缶を使い磨いてみた。くすんでいたスパイクは、みるみる輝き、履き心地まで変わり驚いた。本当に楽しかった。僕は仲間のスパイクも磨いた。仲間達が目の前で感動してくれた姿は、僕の喜びとなり心のアルバムに残った。

20歳の冬、路上靴磨きを始めた。初めてのお客さんの靴は、技術が無い上に手がかじかんでしまい、輝かせることはできなかった。お客さんは、「寒い中ありがとう。頑張ってな。」と言い缶コーヒー代120円をくれた。輝きという感動を伝えられなかったのに。それから僕は、大学の授業を終えた後は毎日、雨天以外は路上に立ち続けた。

以降の路上靴磨き人生は、お客さんに支えられる日々であった。特に冬の路上は辛く何度もくじけそうになったが、お客さんの存在は続ける原動力となった。お客さんは、いつも人生の先生でもあった。人の為に働く大切さを教えてくれた警察官、継続の重要性を説いてくれたヤクザの親分さん。温かい飲み物の差し入れや励ましの言葉、優しい気持ち・・・僕は今、日本中の駅前で出会った沢山のお客さんのお陰で大好きな靴磨きをしている。

100人目のお客さんは、汚れた古いパンプスを履いたご婦人だった。磨いた後「100人目のお客様です。今日の靴磨きは僕からのプレゼントです。」と伝えた。ご婦人は、綺麗になったパンプスを見つめた後、真っ黒になった僕の手を握り「私、今日が70歳の誕生日なの。こんなに嬉しい誕生日は生まれて初めて。素適なお仕事ね、ありがとう。」と言って涙を流してくれた。聞くと、家族が招待してくれた誕生日会に古い靴で来てしまい気持ちが沈んでいたところ、何十年かぶりに路上靴磨き職人を見かけ立ち寄ってくれたという。靴磨き職人

GAKUPLUS 代表
佐藤我久

北海道帯広市出身。大学時代、名古屋駅付近で路上靴磨きを始め、全国で腕を磨く。22歳、大学4年時にクラウドファンディングにより自身のショップ、靴磨きスタンドGAKUPLUSを開店。2018年開催の第1回靴磨き日本選手権大会にコロンブスの推薦で最年少出場し特別賞を受賞。名古屋を中心に各種メディアへ多数出演し、日本中を足元から輝かせ、靴磨きの楽しさの普及に努めている

は、靴を綺麗にするだけではなく、人の心も明るくできることを実感した。この職業で食べていこう、足元から日本を輝かせようと決意した20歳の冬だった。

僕はお客さんの目の前で行なう靴磨きを「靴磨きLIVE」と呼ぶ。LIVEには、ブラシの音、クリームの香り、お客さんと共有する時間、ここでしか味わえない景色と感動がある。靴磨きは作業じゃない。靴を磨く時は、靴磨き職人になったつもりで目の前の相棒を輝かせ、楽しんで欲しい。そしていずれは大切な方の靴を磨き、感動や想いを共有して欲しい。靴磨きは、靴への愛着が湧き、靴が一層大切になる。大切な方の靴を磨くことは、人の気持ちを一瞬でも明るくする。そんな靴を磨く人が増えることは、日本を輝かせると、心から信じている。

この本の出版に際し、ご尽力頂いたスタジオタッククリエイティブ社の佐久間様はじめスタッフの方々には、大変お世話になりました。お客様への感謝の気持ちは先述しましたが、多くの方に支えられ今の僕が在ります。

ベースボールショップ年中野球代表 佐藤肇様、野球を通じて道具に愛着を持ち大切に使う事の教えは一生忘れません。シューズラウンジGotch代表 早川和成様、同業でありながら誰よりも応援して下さり、時には叱って下さったことを感謝しています。Brift H代表 長谷川裕也様、そのパイオニアとしての輝く姿。多くの人を感動させる姿を見て、僕も一歩を踏み出せました。

心の底から感謝しています。

僕の夢は、世界一愛される靴磨き職人になり、日本中を足元から輝かせることです。これからも夢に向かって歩み続ける事をここに約束します。

靴磨きSTAND GAKUPLUS　代表 佐藤我久

SHOESHINE START BOOK

楽しく磨けて靴も輝く

靴磨きスタートブック

2018年10月5日 発行

STAFF

PUBLISHER
高橋矩彦　Norihiko Takahashi

EDITOR IN CHIEF
佐久間則夫　Norio Sakuma

DESIGNER
小島進也　Shinya Kojima

ADVERTISING STAFF
久嶋優人　Yuto Kushima

PHOTOGRAPHER
柴田雅人　Masato Shibata

SUPERVISOR
佐藤我久（靴磨きSTAND GAKUPLUS）　Gaku Sato（GAKUPLUS）

協力
株式会社コロンブス
株式会社ヒロカワ製靴
株式会社リーガルコーポレーション
Kamioka株式会社

PRINTING
中央精版印刷株式会社

PLANNING, EDITORIAL & PUBLISHING
（株）スタジオ タック クリエイティブ

〒151-0051 東京都渋谷区千駄ヶ谷3-23-10 若松ビル2F
STUDIO TAC CREATIVE CO.,LTD.
2F, 3-23-10, SENDAGAYA SHIBUYA-KU, TOKYO 151-0051 JAPAN
[企画・編集・広告進行]
Telephone 03-5474-6200　Facsimile 03-5474-6202
[販売・営業]
Telephone & Facsimile 03-5474-6213
URL http://www.studio-tac.jp
E-mail stc@fd5.so-net.ne.jp

1810A

警告　WARNING

■ この本は、習熟者の知識や作業、技術をもとに、読者に役立つと弊社編集部が判断した記事を再構成して掲載しているものです。あくまで習熟者によって行なわれた知識や作業、技術を記事として再構成したものであり、あらゆる人が、掲載している作業を成功させることを保証するものではありません。そのため、出版する当社、株式会社スタジオ タック クリエイティブ、および取材先各社では作業の結果や安全性を一切保証できません。また本書に掲載した作業により、物的損害や傷害といった人的損害の起こる可能性があり、その作業上において発生した物的損害や人的損害について当社では一切の責任を負いかねます。すべての作業におけるリスクは、作業を行なうご本人に負っていただくことになりますので、充分にご注意ください。

■ 使用する物に改変を加えたり、使用説明書等と異なる使い方をした場合には不具合が生じ、事故等の原因になることも考えられます。メーカーが推奨していない使用方法を行なった場合、保証やPL法の対象外になります。

■ 本書は、2018年8月10日までの情報で編集されています。そのため、本書で掲載している商品やサービスの名称、仕様、価格などは、製造メーカーや小売店などにより、予告無く変更される可能性がありますので、充分にご注意ください。

■ 写真や内容が一部実物と異なる場合があります。

STUDIO TAC CREATIVE
㈱スタジオ タック クリエイティブ

ISBN978-4-88393-834-6